Edition Delius

Olivier de Vleeschouwer

ROSEN

Ein Handbuch

Fotos: Joëlle Caroline Mayer
& Gilles Le Scanff

Delius Klasing Verlag

Inhalt

Rosa ›American Pillar‹ und *Campanula persicifolia* (links).
Rosa glauca, Berberis thunbergii ›Rose Glow‹ und
Salix purpurea ›Nana‹ (vorhergehende Doppelseite).

Ein paar Worte zur Einstimmung

Der Rose – schlechthin Symbol der Sinnlichkeit – gehört von jeher die besondere Zuneigung des Gartenfreundes. Und nicht selten ist aus einer unvergessenen Begegnung mit einer Rose gärtnerische Passion entstanden. Was für Proust der Duft der »Madeleines« – dem Teegebäck seiner Kindheit – war für andere vielleicht die an einer Mauer rankende ›Crimson Glory‹, deren große, samtrote Blüten mit betäubendem Duft unvergessen blieben. Rosen haben fast magische Kräfte. Wer könnte sich dem Charme einer ›Compte de Chambord‹ mit ihren dicht gefüllten, warmrosa Blüten oder der bezaubernden Schlichtheit der ungefüllten ›Nevada‹ im Blütenmeer eines Rosengartens entziehen? Rosen zu lieben heißt, selbst in ihren negativen Eigenschaften noch Tugenden zu sehen. Denn bei welcher anderen Blütenpflanze halten wir Duftlosigkeit noch für ein besonderes Parfüm, behaupten von einer Rose ohne Duft, sie »rieche erfrischend«?

Selbst der passionierte Rosenliebhaber muss angesichts der Fülle des Angebots Verzicht üben. Der entscheidende Augenblick kommt, sobald es an die für Terrasse oder Garten geeignetste Auswahl an Rosen geht. Natürlich herrscht kein Mangel an Ratgebern über Rosen, doch wie soll man unter dreitausend verfügbaren Sorten die richtigen finden? Das vorliegende Handbuch trifft mit kaum zu leugnender Voreingenommenheit eine Auswahl nach gleichermaßen emotionalen wie sachlichen Kriterien, beschreibt Kletterrosen, rosafarbene oder rot blühende Strauchrosen und Sorten, die nicht auf Ihrem Balkon dahinkümmern, sowie krankheitsresistente Varianten. Auch bei den praktischen Ratschlägen bleibe ich der Maxime treu, die Dinge nicht unnötig zu komplizieren. Um Rosen zu haben, die Freude machen, genügt die Umsetzung einiger einfacher Faustregeln und viel Hingabe.

Fürs Erste jedoch lassen Sie sich von den folgenden Seiten wie auf einem Spaziergang begleiten und leiten. Nehmen Sie alles auf, atmen Sie die Atmosphäre ein, blättern Sie vorwärts und rückwärts. Erträumen Sie sich Ihren Garten – Rosen tauchen zuerst in unseren Träumen auf. Beim Pflanzen erst werden sie zur täglichen Wirklichkeit.

Rosa ›New Dawn‹ und
Clematis florida ›Sieboldii‹.

Ein wenig Geschichtliches ...

oder wie man in der Domäne der Rosenkenner eine gute Figur macht!

Die Rose entwickelte sich in ihrer Wildform auf der nördlichen Erdhalbkugel. Wir alle kennen sicher die wilde Heckenrose mit ihren ungefüllten, fünfblättrigen Blüten. Diese so genannten »botanischen Rosen« sind die Urformen der gut dreitausend in unseren Gärten vertretenen Sorten.

Die »alten Rosen« entstanden aus den Wildformen und blühen nur einmal im Jahr. Ihre robuste Natur ist kein Märchen, ihr Duft immer intensiv und erlesen.

Die »Gallica-Rosen« mit ihrem üppigen, dunklen Blütenflor und geringem Dornenbesatz bilden die älteste Gruppe, schon die alten Griechen und Römer kannten sie. Zusammen mit den Alba-Rosen (deren Farbpalette von Reinweiß bis zu Dunkelrosa reicht) bilden sie die beiden Hauptgruppen unter den in Europa seit der Antike bis zum 18. Jahrhundert kultivierten Rosen.

Die »Damascena-Rosen«, in der Färbung blasser als die Gallica-Rosen, kamen im Gepäck der Kreuzfahrer nach Europa. Einer von ihnen, Theobald IV., Graf der Champagne (und König von Navarra) brachte eine Gallica-Rose mit, die berühmte »Rose de Provins«, auch Apotheker-Rose genannt, da sie Duftwassern und Salben beigegeben wurde.

Durch Einkreuzen der Alba-Rosen mit den Damascena-Rosen züchteten holländische Botaniker seit dem 16. Jahrhundert die so genannten »Zentifolien«. Hierbei handelt es sich um jene »pausbäckigen« vielblättrigen Rosen, die in der Genremalerei der alten Meister so häufig dargestellt und sogar auf Fayencen verewigt wurden. Die Moosrosen unterscheiden sich von den Zentifolien lediglich durch die für sie charakteristische Bemoosung ihrer Kelchblätter.

Gegen Ende des 18. Jahrhunderts löste die Einführung der »China-Rosen« und »Bengal-Rosen« eine regelrecht revolutionäre Entwicklung aus. Ausgerechnet die Einkreuzung dieser Rosen mit den alten Rosen brachte unsere modernen Rosen hervor. Ohne diese Verbindung gäbe es z.B. keinerlei »Remontant-Rosen« (Rosen die während der Saison öfter oder wiederholt blühen).

Zu Beginn des 19. Jahrhunderts kamen – wiederum aus China – die »Teerosen«, deren Duftblüten die Rosenfreunde im Sturm eroberten.

Während des gesamten 19. Jahrhunderts kreuzte man Rosen ohne Unterlass. Neue Familien entstanden, die man »Bourbon«-, »Portland«-, »Noisette«- oder »Tee-Noisette-Rosen« taufte.

Das Einkreuzen von Bourbon-Rosen mit Gallica-, Zentifolia-, Damascena-, Bourbon- und Teerosen brachte öfter blühende Hybriden hervor, auf die man große Hoffnungen setzte. Leider erwiesen sich diese Züchtungen bald als wenig blühfreudig und alles andere als robust.

Dennoch zahlte sich die Beharrlichkeit der Züchter letztendlich aus. Aus der erfolgreichen Einkreuzung einer Remontant-Hybride mit einer Teerose entstand die Teehybride, die »moderne Rose« schlechthin. Mit ›La France‹ schuf der Züchter Jean-Baptiste Guillot 1867 eine neue Generation von Rosen, Teehybriden oder großblütige Rosen genannt. Es handelt sich hierbei um eine gleichermaßen robuste wie elegante Rose, die vor allem eine dauerhafte Blüte garantiert.

Im 20. Jahrhundert galt die Aufmerksamkeit der Fachleute uneingeschränkt den Teehybriden. Im Zuge dessen leistete man zusätzlich Geburtshilfe für die »Polyantha«- und »Floribunda-Rosen« sowie für die ersten »Bodendeckerrosen«.

Gerade so als gereiche diese Vielzahl an Sorten den Rosenzüchtern noch immer nicht zu ihrem Glück, arbeiten einige seit geraumer Zeit verbissen daran, Spielformen zu züchten, die von jeder Rosensorte nur die besten Eigenschaften entlehnen. Züchterisches Ziel sind moderne Rosen, gleichermaßen krankheitsresistent wie öfter blühend, jedoch mit dem üppigen Blütenflor und altmodischen Charme alter Rosen ...

Die lange Geschichte der Hybridisierung bzw. Sortenkreuzung mutet sicher etwas kompliziert an. Doch seien Sie beruhigt: Keine Rose in Ihrem Garten verlangt von Ihnen genaue Kenntnisse über ihren Stammbaum, damit sie blüht und gedeiht.

Die Wuchsformen der Rosen

Sie möchten Rosen in Ihrem Garten ... aber welche? Besuchen Sie Gärten oder Rosarien (Adressen siehe Anhang) und machen Sie sich mit den unterschiedlichen Wuchsformen der Rosen vertraut. Anschließend fällt es leichter, je nach Geschmack, Wuchsform und Lichtverhältnissen auf dem Balkon oder im Garten eine Auswahl zu treffen.

Buschrosen

Die Buschrose ist die klassische Form schlechthin. Sie erreicht im Allgemeinen eine Höhe von 50–120 cm. Je nachdem ob ihre Stängel eine oder mehrere Blüten tragen, werden sie großblütige Buschrosen (auch Teehybriden) oder büschelblütige Buschrosen (Polyantha- und Floribunda-Rosen) genannt.

In der Familie der großblütigen Buschrosen finden sich die schönsten Schnittrosen und die meisten Duftrosen. Die büschelblütigen Rosen empfehlen sich, in Gruppen gepflanzt, für Rabatten und Beete.

Strauchrosen

Sie stammen im Allgemeinen von alten Rosen oder botanisch klassifizierten Rosen (Wildrosen) ab, sind robust und können je nach Sorte eine Höhe von 150–200 cm und mehr erreichen. Ihre einfachen oder gefüllten Blüten erscheinen – je nachdem ob einmal blühend oder öfter blühend – von Mitte Mai bis Oktober.

Strauchrosen eignen sich vorzüglich sowohl in Einzelstellung wie in Gruppen zu je drei Rosenstöcken auf einer Rasenfläche oder in Gesellschaft mit anderen Blütensträuchern oder Stauden. Ihre gefällige und ausladende Wuchsform ist ihr charmantes Markenzeichen.

Kletter- und Rankrosen

Diese Rosen klettern an allen möglichen Rankhilfen – wie Pergolen, Mauern oder alten Bäumen –, die sie in wenigen Jahren mit ihren Blüten verschiedenster Ausprägung und stets stark duftend überdecken.

Kletterrosen besitzen weder Haftwurzeln noch spezielle Rankorgane und können daher allein aus eigener Kraft nicht genügend Halt finden. Sie werden mithilfe von Plastikschnüren, Bast oder Weidenruten locker an ihren Gerüsten gezogen.

Je nach Sorte erreichen diese Rosen eine Höhe von 3–5 Metern, die wüchsigsten unter ihnen, die Rankrosen oder »Scrambler« (Baumkletterer), teilweise sogar eine Höhe von 6 bis 15 Metern. Kletterrosen sind großblütiger und ihre Stämme sind steifer als die flexibleren der Rankrosen oder Rambler. Zudem ist die Wuchsform der Rosen, die in Bäume klettern, weicher, und sie wuchern stärker.

Bodendeckerrosen

Der niederliegende, in die Breite tendierende Wuchs dieser Sorte empfiehlt sie zum Überwurf über Böschungen und niedrige Mauern oder ganz einfach als unterste Ebene in Beeten. Ihre Zweige erreichen schon im dritten Jahr eine Länge von bis zu 3 Metern. Von Mai bis Oktober schmücken zahllose Blüten ihre biegsamen Zweige.

Bodendeckerrosen sind nicht immer öfter blühend.

Miniaturrosen

Diese Rosensorte wird nicht größer als 50 cm und ist daher in einem großen Garten schlicht deplatziert, während sie sich geradezu ideal für den Schmuck von Blumenkästen und Schalen empfiehlt. Das Manko, dass Zwergrosen nicht duften, machen sie durch ihre Blühfreudigkeit wett.

Stammrosen

Die Pfropfung einer Stammrose geschieht nicht dicht über dem Erdboden, sondern in einer Höhe, die zwischen 60 cm (Niederstamm) bis zu 110 cm (Hochstamm) variieren kann.

Um die Trauerform eines Hochstammes zu erzielen, wurden Kletterrosensorten auf eine Stammunterlage von 180 cm Höhe aufgepfropft.

Während diese Variante in Einzelstellung auf einer Rasenfläche deplatziert wirken kann, ist sie ein durchaus charmanter Schmuck in Hausnähe, am Eingang eines Gemüsegartens oder in einem klassischen Parterre aus in Form geschnittenem Buchs.

10 Ratschläge zur Kultur von Rosen

1 Sorgfältige Auswahl von Rosen

2 Kauf gesunder, kräftiger Rosen

3 Pflanzung zum richtigen Zeitpunkt

4 Pflanzen im angemessenen Abstand

5 Sorgfalt beim Pflanzen

6 Vorsichtige Behandlung der Veredelungsstelle

7 Düngen und Gießen

8 Auf Schädlingsbefall achten

9 Entfernen welker Blüten

10 Schneiden ist ein Kinderspiel

Praktische Anleitung

Vom richtigen Werkzeug

Ein guter Gärtner verfügt zwangsläufig über gutes Handwerkszeug. Geben Sie stets der Qualität den Vorzug, auch wenn dies etwas teurer ist. Wählen Sie Griffe, Stiele und Halterungen aus solidem, einwandfreiem Material, und legen Sie sich eine erstklassige, gut geschärfte Rosenschere zu. An gepflegtem Werkzeug haben Sie lange Ihre Freude. Machen Sie es sich nach jeder Benutzung zur Angewohnheit, jede Spur von feuchter Erde auf Holz und Metall mit einem alten Lappen gründlich zu entfernen. Ein gelegentlicher Tropfen Öl verhindert den Anflug von Rost. Und vergessen Sie nicht, die Messer- und Scherenklingen ab und zu zu schleifen.

Der Gartenspaten und die Gartengabel

Diese beiden Werkzeuge dürfen in einem Garten nicht fehlen. Der Spaten dient zum Umgraben, dem Erdaushub und dem Abstechen sauberer Kanten bei Rabatten und Einfassungen. Auf festeren, steinigeren Böden leistet die Gartengabel mit etwas weniger Krafteinsatz dieselben Dienste.

Die Gartenhacke

Ein nützliches, beidseitiges Kombinationswerkzeug für die Unkrautbekämpfung, das auf der einen Seite aus einer Hacke und auf der anderen aus einer Kralle besteht, was effizientes Arbeiten ermöglicht.

Der Unkrautstecher (Jätspatel)

Ein sehr praktisches Gerät zur selektiven Entfernung von unerwünschten, tief wurzelnden Unkräutern, wie zum Beispiel Löwenzahn.

Die Kralle

Von diesem Gartengerät existieren unterschiedliche Varianten. Es dient zur Bodenauflockerung zwischen den Pflanzen, ohne dass dabei die Wurzeln Schaden nehmen.

Die Rosenschere

Als das Schneideinstrument im Garten schlechthin darf sie in der Tasche des Rosenfreundes niemals fehlen. Man benutzt sie als allgemeines Schneide- und Pflegeinstrument. Mit ihr durchschneidet man bis zu 1 cm starke Äste. Die Kraft, die sich beim Schneiden übertragen lässt, variiert von Modell zu Modell. Genau davon sollten Sie sich bei Ihrer Wahl leiten lassen.

Die Astschere

Die Astschere ersetzt die Rosenschere beim Schnitt von Zweigen mit einer Stärke zwischen 1 und 2,5 cm. Ihre langen Handgriffe erleichtern die Arbeit bei unzugänglichen Stellen oder in größerer Höhe. Vergewissern Sie sich vor dem Kauf, dass das Gerät gut und sicher in der Hand liegt.

Die Ast- oder Rosensäge

Diese kann sich beim Entfernen toten, zähen Holzes als notwendig erweisen.

Rosenhandschuhe (Gartenhandschuhe mit Stachelschutz)

Rüsten Sie sich mit Handschuhen aus, die dick genug sind, um Sie vor den gefährlich spitzen Dornen einiger Rosensorten zu schützen.

Gießkanne und Gartenschlauch

Beide sind natürlich unverzichtbare Gartengeräte. Soll die gute Verfassung Ihrer Rosen von Dauer sein, gießen Sie diese am Fuß, ohne das Laub nass zu machen.

Der Zerstäuber

Selbst wenn Sie zur alternativen, biologischen Schädlingsbekämpfung neigen sollten, können Sie beim ersten Befall durch Blattläuse nur schwer auf einen Zerstäuber verzichten. Allerdings sollte dieser nur bei Windstille verwendet werden.

Die Bindehilfen

Um Rosen an einer alten Mauer oder einer Rankhilfe hoch zu leiten, müssen deren Triebe angebunden werden. Dazu empfiehlt sich die Benutzung von Kunststoffschnüren oder Bast. In vielen Rosarien werden vorzugsweise Weidenruten verwendet, die je nach Bindeart gleichermaßen zweckdienlich wie dekorativ sein können. Dabei sollte darauf geachtet werden, dass die Befestigung ein normales Wachstum des Rosenstocks zulässt. Zusätzlich muss dafür Sorge getragen werden, dass einzelne Triebe nicht aneinander scheuern, um Verletzungen vorzubeugen.

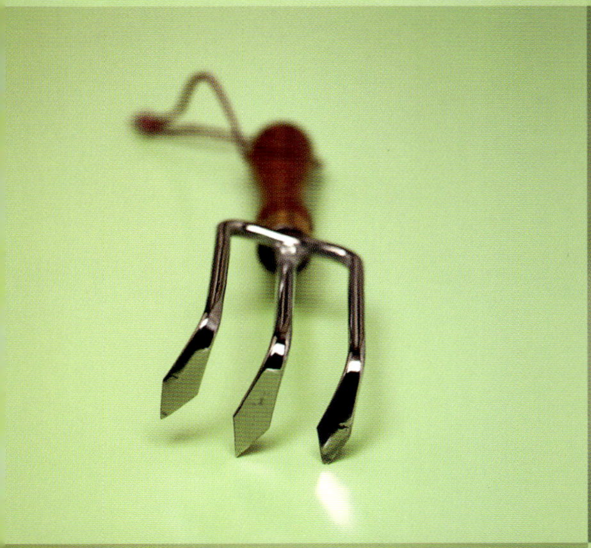

Der Rosenkauf

Die Auswahl der Rosen, das stundenlange Wälzen von Katalogen, die wiederholte Verinnerlichung sämtlicher Informationen und die Vorstellung von der Metamorphose des eigenen Gartens ... das sind erhebende, fast schon kultische Augenblicke, deren Bedeutung man nicht unterschätzen sollte.

Die Auswahl qualitativ hochwertiger Rosen

Anstatt sich in Konkurrenz mit denen zu begeben, die angeblich gute Geschäfte beim Rosenkauf gemacht haben, sollten Sie sich damit abfinden, einen fairen Preis für eine Ware zu bezahlen, an der Sie zehn oder zwanzig Jahre Ihre Freude haben sollen. Kaufen Sie Ihre Rosen in einer Rosen- oder Baumschule, in einer Gärtnerei oder per Katalog bei einem renommierten Rosenzüchter. Rosen werden in drei Formen angeboten: als Wurzelware, als Ballenware oder in Containern.

Rosen als Wurzelware

Diese Rosen pflanzt man in der Ruhephase von November (ab dem 25.11.) bis April und vorzugsweise vor dem Monat März. Dies ist die Ware, die überwiegend in Rosenkatalogen angeboten wird. Rosenzüchter geben dieser Produktionsform den Vorzug, und dies ist die ideale Versandform zum Beispiel für Zwergrosen, ob Polyantha oder Grandiflora.

Rosen als Ballenware

Als Ballenware sind Rosen bis Ende Frühjahr erhältlich. Bei dieser Verkaufsform ist der Verpflanzungsschock für die Pflanze geringer, denn die neuen Wurzeln, die stets schon im Januar austreiben, bleiben durch den Erdballen geschützt. Die Rosenstöcke können problemlos an einem kühlen Ort bis zur Auspflanzung aufbewahrt werden. Nachteilig ist ihr höherer Anschaffungswert. Damit sich die Investition lohnt, wählen Sie diese Warenform für die Sorten, die Ihnen besonders am Herzen liegen, wie zum Beispiel bei alten Rosen oder Strauchrosen.

Rosen in Containern

Diese Ware kann das ganze Jahr über gepflanzt werden. Der Vorteil hierbei ist, dass die Rosen bisweilen beim Kauf blühen. Nachteilig sind der höhere Preis und die eingeschränkte Auswahl der in Containern angebotenen Sorten.

Das Einschlagen von Pflanzen

Falls Sie Ihre Rosen nicht unmittelbar nach dem Kauf einpflanzen können, legen Sie diese in schrägem Winkel und in angemessenem Abstand in einen beschatteten Graben, den sie mit Torf oder Sand auffüllen. Achten Sie darauf, dass die Veredelungsstelle (jener Narbenwulst zwischen Trieben und Wurzeln) gut 4–5 cm tief in die Erde kommt. Ist die Erde gut festgetreten, können die Rosen so einige Tage, ja sogar ein paar Wochen bis zur Einpflanzung gehalten werden.

Worauf Sie achten sollten

Vielleicht kennen Sie die Redewendung, ein guter Rosenstock sollte beim Kauf drei gesunde Triebe haben. Diese Regel trifft auf neuere Sorten zu. Alte Sorten entwickeln sich in der Baumschule weitaus zurückhaltender und warten nur darauf, in Ihrem Garten stark und vital zu werden.

Mehr als auf die Anzahl der Triebe sollte auf deren Gesundheit geachtet werden. Sie müssen prall und glänzend sein. Lassen Sie die Finger von Rosen, die in einer Gärtnerei bei künstlicher Wärme vorgetrieben wurden. Und Vorsicht beim Beschneiden der Wurzeln! Für eine gute Entwicklung braucht eine Rose eine Hauptwurzel, aus der sich kleinere Wurzeln, die so genannten Feinwurzeln verzweigen.

Daumenregeln bei schriftlichen Bestellungen

1 Falls Sie per Katalog bestellen, ist es Ihnen natürlich unmöglich, die Pflanze in Augenschein zu nehmen. Vermeiden Sie daher Ärgernisse und Risiken, indem Sie Ihre Rosen bei seriösen und renommierten Züchtern bestellen.

2 Um sicherzustellen, dass Sie die gewünschten Sorten auch wirklich erhalten, bestellen Sie diese so früh wie möglich im Jahr – das heißt, manchmal schon vor dem Monat Juni, um die Pflanzen dann Anfang November zu bekommen.

3 Zusätzlich sollten Sie sich telefonisch einen ungefähren Liefertermin sichern. Besonders dann, wenn sich der Lieferant nicht an Ihrem Wohnsitz befindet.

4 Vergessen Sie schließlich nicht, unmittelbar nach Eintreffen der Sendung die Rosen einzuschlagen, oder, so es die Zeit erlaubt, diese einzupflanzen.

Was man über die Veredelungsunterlage wissen sollte

Selten wird die Methode des Pfropfens angesprochen ..., und doch ist es beim Kauf einer Rose wichtig, darüber Bescheid zu wissen; und sei es nur, um die für den eigenen Garten passendste Sorte auszuwählen.

Auf eine *Rosa multiflora* gepfropfte Rosen sind im Allgemeinen im ersten Jahr kräftiger und widerstandsfähiger, allerdings bei geringerer Lebensdauer. In kälterem Klima und bei kalkhaltigen Böden jedoch entwickeln sie sich weniger positiv.

Rosen die als Unterlage eine *Rosa laxa Hort.* oder eine *Rosa canina* haben, eignen sich für kalkhaltige, schwere Böden und neigen nicht zum Austrieb von Wurzelschösslingen.

■ Das Problem dabei ist, dass nur wenige Rosenzüchter die Pfropfunterlage ausweisen.

■ Bedenken Sie, dass ein und dieselbe Sorte von unterschiedlichen Rosenzüchtern auf unterschiedlichen Unterlagen gezogen worden sein kann. Zögern Sie daher nicht, sich beim Kauf darüber zu informieren, um alle Unwägbarkeiten auszuschließen.

Das Pflanzen

Für einen Laien ist es kaum vorstellbar, dass aus einer Wurzel mit zwei bis drei nackten Trieben, die man mit rot gefrorenen Ohren an einem grauen Wintertag in die Erde gesetzt hat, einmal ein blühender Rosenbusch werden soll!

Die beste Erde

Rosen lieben lehmigen Boden und sonnige Standorte. Ist der Boden kalkhaltig (pH-Wert über 7), sollte ihm vor dem Einpflanzen etwas handelsüblicher Torf beigegeben werden. Saure Böden verbessert man durch Beimischen von Kalk während des Pflanzvorgangs, was alljährlich wiederholt werden muss. Mit einem pH-Wert von 7 bezeichnet man den Boden als neutral, einen Bodenzustand, den die Rosen wünschen.

Das Pflanzloch

Heben Sie ein Loch von 40–50 cm Durchmesser und entsprechender Tiefe aus. Setzen Sie dem vorhandenen Substrat Knochenmehl zu. Weitere Bodenverbesserungen sind vom Bodenzustand Ihres Gartens abhängig. Alle Zugaben müssen sorgfältig eingearbeitet werden.

Die Pflanzabstände

Lassen Sie einen Abstand von 50 cm nach allen Seiten zwischen zwei großblütigen oder büschelblütigen Rosenstöcken. Rechnen Sie mit 60 cm Abstand für öfter blühende Hybriden und sehr vitale Sorten. Besonders wüchsige Strauchrosen benötigen für eine optimale Entwicklung 80–100 cm Abstand.

Das Pflanzen von Kletterrosen

Kletterrosen sollten in nicht weniger als 30 cm Abstand von einer Mauer gepflanzt werden. Da der Boden in Hausnähe häufig nährstoffärmer ist, muss er mit organischem Dünger (in Form von Pulver oder Granulat) angereichert werden. Pflanzen Sie die Rose im schrägen Winkel, sodass die Pfropfstelle zur Mauer hin zeigt, damit sich die Triebe später daran anlehnen.

Das Pflanzen von Rosen in Töpfen

Beim Pflanzen von Rosen in Töpfe oder Kübel ist unbedingt für einen guten Wasserabfluss im Behälter zu sorgen, indem man Tonkugeln auf dem Boden verteilt. Die regelmäßige Beigabe von Dünger ist für eine gesunde Entwicklung der Pflanze unerlässlich. Denken Sie daran, einen langsam wirkenden Dünger zu benutzen. Darüber hinaus ist es wichtig, einen tiefen Behälter zu wählen.

Tipps vom Fachmann

Pflanzen Sie eine Rose nie an eine Stelle, an der zuvor bereits eine andere Rose gewachsen ist! Sollten Sie keine andere Möglichkeit haben, ist es notwendig, die Erde komplett auszutauschen.
Bevor Sie eine im Container gekaufte Rose pflanzen, geben Sie diese gut zehn Minuten in ein Wasserbad, und entfernen erst anschließend den Container. Danach sollte die Rose sofort eingepflanzt werden. Achten Sie darauf, dass der Wurzelballen dabei nicht verletzt wird.

Pflanzen im Freiland

1 Vor der Pflanzung wird die Rose zugerichtet, das heißt, Triebe und Wurzeln werden um einige Zentimeter eingekürzt.

2 Bei lockerem Erdreich sollten die Wurzeln getaucht, also mit einer Schutzlösung umgeben werden, die das Anwuchsverhalten fördert. Fertige Lösungen sind im Fachhandel erhältlich.

3 Nach Schnitt und eventuellem Wurzeltauchen wird die Rose so in die Mitte des Pflanzlochs gestellt, dass sich die Wurzeln frei in ihre Wuchsrichtungen entwickeln können.

4 Indem Sie die Veredelungsstelle 3–4 cm unter die Erde setzen, kann Ihre Rose gut anwachsen und ist vor härtestem Frost geschützt. Diese Technik hat gleichzeitig den Vorteil, die Bildung von Wildtrieben zu unterbinden.

5 Füllen Sie das Pflanzloch zur Hälfte mit Erde auf. Schütteln Sie die Rose leicht, um etwaige Luftlöcher zwischen den Wurzeln durch nachrutschende Erde zu schließen.

6 Treten Sie die Erde mit Gefühl fest und füllen Sie das Pflanzloch anschließend bis zum Rand. Nur bei Bedarf häufeln Sie feuchten, mit Erde vermengten handelsüblichen Torf auf. Drücken Sie diesen ebenfalls fest und machen Sie einen Gießrand um die Pflanze. Wässern Sie die Pflanze gut.

Düngen und Gießen

Düngen Sie sparsam. Wir haben bei der Pflanzung bereits gesehen, wie wichtig die Bodenvorbereitung ist: bei kalkhaltigen, dichten Böden Zugabe von feuchtem Torf und Knochenmehl in angemessener Dosis. Kalter Mist oder Komposterde erfüllen bei leichten Böden denselben Zweck.

Zum Zeitpunkt des Frühjahrsschnitts

Düngen Sie jede Rose mit einem speziellen Rosendünger. Halten Sie sich dabei an die angegebene Dosierung, u.a. um die Wurzeln nicht zu verbrennen.

Anfang des Sommers

Eine zweite Düngung kann erfolgen, um eine erneute Blüte zu fördern.

Bei Rosen im Topf

Die Düngung ist ausschlaggebend für die Entwicklung der Rose. Es ist wichtig, die Erde mindestens zweimal jährlich aufzubessern.

Düngersorten

Es gibt Düngerlösungen, die mit dem Zerstäuber auf das Laub ausgebracht werden. Benutzen Sie diese in Trockenzeiten.

Bei Dünger in Form von Granulat oder in Wasser aufzulösendem Pulver ist Vorsicht geboten. Es besteht die Gefahr des Überdüngens. Gehen Sie sparsam damit um und wiederholen Sie die Maßnahme lieber zu einem späteren Zeitpunkt.

Komposterde besteht aus zersetzten organischen, aufbereiteten Abfällen und ist als Naturdünger und Bodenverbesserer zu verstehen. Sie gleicht zwar guter Humuserde, sollte aber wegen der Gefahr der Überdüngung nur in Beimischungen verwendet werden. Bei der Pflanzung kann man sie unter die normale Erde mischen und diese zusätzlich mit Knochenmehl anreichern. Für bereits gepflanzte Rosen häufelt man gegen Ende des Winters etwas Komposterde um den Fuß auf, nachdem man die Erde an der Oberfläche aufgelockert hat.

Kleine Tricks bei der Kompostherstellung

Die wechselseitige Schichtung von trockenen Abfällen (Stroh, Reisig usw.) und feuchten Abfällen (Rasenschnitt, Salatabfälle usw.) garantiert ein besseres Kompostieren.

Außerdem verkompostieren klein gehackte Abfälle schneller. Für kleinere Zweige und Äste benutzen Sie am besten einen Garten-Häcksler oder schneiden Sie das tote Holz in kleine Stücke.

Gießen im Fußbereich

Für eine gleichmäßige Verteilung des Erdreichs im Wurzelbereich und ein erfolgreiches Anwachsen des Rosenstocks ist es wichtig, ihn bereits während der Pflanzung zu wässern. Rosen gießt man nur im Fußbereich, denn Feuchtigkeit auf dem Laub kann dieses leicht anfällig für Pilzkrankheiten machen. Gegossen wird vorzugsweise gegen Abend, um die Verdunstung so gering wie möglich zu halten.

Gießen im Sommer

Im Sommer sollte in Trockenzeiten unbedingt zweimal wöchentlich gegossen werden. Das gilt vor allem für Standorte mit kreidehaltigen oder sandigen Böden. Rosen gedeihen vorzugsweise in der Sonne, mögen jedoch kühlen Schatten im Wurzelbereich.

Anlegen eines Komposts

Folgende Methode verhilft schon nach drei Monaten zu einem guten Kompost.

1. Schichten Sie in einer Gartenecke alle organischen Garten- und Küchenabfälle auf. Verzichten Sie dabei auf Zitrusfrüchte, deren Schalen im Allgemeinen behandelt sind, und vor allem auf Rosenabfälle, wenn diese von einer Krankheit oder Schädlingen befallen waren. Kaffeesatz, Eierkartons, Muschelschalen und Holzasche dagegen sind willkommen. Die wechselseitige Schichtung von trockenen Abfällen (Stroh, Reisig usw.) und feuchten Abfällen (Rasenschnitt, Salatabfälle usw.) garantiert ein besseres Kompostieren. Außerdem verkompostieren klein gehackte Abfälle schneller.
2. Ist der Haufen groß genug, breiten Sie eine erste, 30 cm dicke Lage Abfälle auf einer Fläche von 1 x 2 m aus. Benetzen Sie diese mit Wasser, dem Sie einen im Handel erhältlichen »Kompostierer« beigegeben haben.
3. Wiederholen Sie diese Maßnahme. Haben sich vier oder fünf Schichten angesammelt, bedecken Sie die Fläche mit einer starken, schwarzen Plastikplane. Warten Sie fünf Tage, bevor Sie diese entfernen. Überlassen Sie alles Weitere der frischen Luft.

Weidenruten und Klettergerüste

Das Pflanzen von Weiden

Für einen eigenen Vorrat an Weidenruten genügt es, im Garten Weiden zu pflanzen.

Die Silberweide *(Salix alba)* und die Bruchweide *(Salix fragilis)* geben gute Ruten. Um über ausreichend Bindematerial zu verfügen, sollten die Weiden das ganze Jahr dicht über dem Boden beschnitten werden. Andere, ebenfalls sehr dekorative Weidensorten sind die Korbweide *(Salix viminalis)*, die gewöhnliche Mandelweide *(Salix triandra)*, die Purpurweide *(Salix purpurea)* und nicht zuletzt die Grauweide *(Salix cinerea)*.

Das Hochleiten von Rankrosen an einer Mauer

Verteilen Sie für einen bogenförmigen Wuchs die stärksten Triebe fächerförmig über die Mauer.

Das Ziehen von Kletterrosen an einer Säule oder Pergola

Verteilen Sie die Haupttriebe über der Rankhilfe. Auch später ist es sinnvoll, die Haupttriebe von den alten Rankhilfen zu befreien und nach dem Schnitt erneut zu binden. Diese Maßnahme erfolgt je nachdem, ob ein schematischeres oder ein natürlicheres Wuchsbild angestrebt wird, am besten jährlich oder alle zwei oder drei Jahre.

Kleine Sorgen – große Freuden

Rosen machen Arbeit, fordern Opfer. Aber sie belohnen uns durch ihre Schönheit, durch ihre Blüte. Das Markenzeichen eines Rosenliebhabers sind Kratzer und Schrammen an Händen und Armen. Makellose Haut ist ein sicheres Zeichen, dass es mit den Rosen nicht zum Besten stehen kann.

1 Wo entstehen Wildtriebe?

In der Regel sind Gartenrosen ein Produkt der Vermehrung durch Pfropfen. Die Narbe, die beim Aufpfropfen des Edelreises auf die Pfropfunterlage entsteht, ist als charakteristischer Wulst am Übergang von Wurzeln und Zweigen zu erkennen. Bei einigen Sorten entwickeln sich unterhalb der Veredelungsstelle vitale Zweige (Wildtriebe) direkt an der Pfropfunterlage.

2 Das Unterbinden von Wildtrieben

Diese »Schmarotzer«, wie sie treffend heißen, müssen entfernt werden, da sie dem Rosenstock wertvolle Kraft entziehen. Man erkennt sie an der Belaubung und Bedornung, die sich von denen der veredelten Rose unterscheiden. Indem man die Erde unterhalb der Veredelungsstelle vorübergehend entfernt, können die Wildtriebe problemlos unmittelbar am Stamm abgetrennt werden. Das Abschneiden der Wildreiser über der Erde ist wirkungslos. Ein derart gekappter Wildtrieb entwickelt schnell einen oder mehrere neue Triebe.

3 Das Abschneiden verwelkter Blüten

Leider wird das Säubern des Rosenstocks von verwelkten Blüten allzu oft vernachlässigt. Dabei ist dies bei vielen Rosensorten entscheidend für eine dauerhafte Blüte. Viele Gärten bieten angesichts zahlloser vertrockneter Blütenblätter ein trostloses, hässliches Bild. Dieser Anblick muss den Ästheten in jedem Gartenfreund schnell vom Nutzen eines regelmäßigen Schnitts überzeugen, und er wird von da an stets mit der Rosenschere in der Hand seinen Garten durchstreifen.

4 Ein paar Tipps für die Handhabe der Rosenschere

Teehybriden (großblütige Rosen) schneidet man direkt oberhalb des ersten voll ausgebildeten Blattes unterhalb der verwelkten Blüte ab. Man sollte immer einen schrägen Schnitt setzen, wobei die Schräge stets von der Knospe wegzeigen sollte. Büschelblütige Rosen schneidet man in derselben Manier, sobald alle Blüten des Büschels verwelkt sind. Orientieren Sie sich auch hier am ersten gesunden Blatt am Stängel und schneiden Sie den Zweig darüber ab.

5 Hagebutten tragende Rosen

Viele Strauchrosen sind besonders wegen ihrer schönen Hagebutten im Herbst beliebt. Bearbeiten Sie diese nicht mit der Schere. Ihre Blütenblätter haben die erfreuliche Angewohnheit, von selbst herunterzufallen, und die schönen Hagebutten, die ihren Platz einnehmen, sind ein Leckerbissen für die Vögel ... oder für Sie – sollten Sie hausgemachte Konfitüren lieben.

6 Hagebuttenmarmelade

Für dieses Rezept nimmt man entweder die Früchte der Heckenrosen oder der *Rosa rugosa* (Kartoffelrosen)-Sorten.

Entfernen Sie Stiele und Härchen von 2,5 kg reifen Hagebutten. Bringen Sie 2 Liter Wasser zum Kochen. Geben Sie die Früchte hinein. Lassen Sie diese 15 Minuten kochen. Gießen Sie die Hagebutten anschließend zusammen mit dem Kochsaft in die Passiermühle (grobe Einstellung). Passieren Sie das Mus anschließend noch einmal bei kleinerer Einstellung durch. Geben Sie die Masse anschließend durch ein trichterförmiges Sieb. Erhitzen Sie das gewonnene Püree mit Zucker (man rechnet 800 g Zucker pro kg Fruchtmus). Lassen Sie die Masse bei schwacher Hitze unter ständigem Rühren leicht köcheln. Nach 15 Minuten Kochzeit kontrollieren Sie die Konsistenz der Konfitüre. Geben Sie diese in Gläser, verschließen Sie diese und stellen Sie sie zum Auskühlen mit dem Deckel nach unten auf ein Tuch.

Unkrautbekämpfung und Mulchen mit Stroh

Unkraut kann selbst den fleißigsten Hobby-Gärtner verzweifeln lassen ... Es ist wirklich schwierig, sich den Griff zur Hacke zu versagen, liebt man einigermaßen gepflegte Beetsituationen. Einige schlaue Tricks allerdings erlauben es dem Rosenfreund, dem Unkraut ohne allzu großen Aufwand den Garaus zu machen.

Bei der Pflanzung

Schon bei der Vorbereitung des Bodens für die Pflanzung empfiehlt es sich, auch die kleinsten Keimlinge und Wurzelstücke zu entfernen, deren Harmlosigkeit häufig nur scheinbar ist. Schließlich sind es kleinste Wurzelteile, durch die sich die Ackerwinde haltlos vermehrt und sich alles untertan zu machen versucht.

Vorsorgende Unkrautvernichtung

Es ist ratsam, sämtliche Unkräuter auch unter den Bodendeckerrosen zu entfernen, da diese Rosen in der Anfangsphase, bevor sie ein wirksames Bollwerk gegen die unliebsamen Wucherer bilden, diesen als willkommener Schutz dienen, unter dem sie besonders gut gedeihen.

Im Frühling

Die Ausbreitung von Unkraut droht vor allem während des Beginns der Vegetationszeit. Gehen Sie gegen dieses Übel vor, bevor ihr breites Wurzelgeflecht nur noch mit Mühe zu entfernen ist. Gibt man ihnen erst Gelegenheit, Samen auszubilden, ist ihre Ausbreitung fast nicht mehr zu verhindern. Mithilfe der Gartenhacke sollte in trockenen Zeiten einem Großteil der Unkräuter beizukommen sein. Anschließend entsorgen Sie diese in der Mülltonne oder verbrennen Sie sie. Geben Sie sie auf den Kompost, riskieren Sie die erneute Ausbreitung.

Tipp des Fachmanns

Einige Gärtner vertilgen nur die Unkräuter, die die Vitalität der Rosen unmittelbar bedrohen. Die Entscheidung, ob Sie selektiv oder radikal vorgehen, bleibt Ihnen überlassen. Dabei ist die Größe der zu bearbeitenden Fläche sicher entscheidend. Zehn Quadratmeter erlauben eine laxere Einstellung als mehrere Hektar.

Wann ist Mulchen ratsam?

Sobald sich der Boden im Frühjahr (je nach Region ungefähr im April) allmählich erwärmt und dennoch Feuchtigkeit hält, lockert man ihn mit der Hacke auf und arbeitet anschließend um die Rosenstöcke Mulchmaterial ein.

Womit mulchen?

Entscheidet man sich für Stroh, sollte dieses auf keinen Fall mehr keimfähige Samenkörner enthalten. Rindenmulch oder gehäckselte Bohnenschalen sind zwar teurer, dafür sehr wirksam und ästhetisch. Der handelsübliche, angefeuchtete Torf ist billiger und ebenso brauchbar. Bei der Verwendung des Mulchmaterials muss auf den Zustand des Bodens Rücksicht genommen werden. Böden mit der Tendenz zu versauern, sollten auf keinen Fall mit Koniferenrinde (Kiefer, Fichte) oder Torf gemulcht werden, da diese die Eigenschaft besitzen, die Böden noch weiter zu versauern.

Mulch aus Haushaltsabfällen

- Es ist durchaus möglich, organische Abfälle (Haarreste, Gemüsereste etc., aber keine Zitrus- und Bananenschalen) zum Mulchen zu verwenden, sobald sie kompostiert sind. Wer einen Häcksler besitzt, kann auch gehäckseltes Holz verwenden.
- Vorsicht mit Kaminasche: ausschließlich Holzasche verwenden. Mehr dazu im Kapitel über die Herstellung von Kompost.

Vorteile des Mulchens

1 Mulchen heißt, die frisch mit der Hacke bearbeitete Erde mit einer Schicht natürlichen Materials zu überdecken (Stroh, Rindenhäcksel, Torf usw.)

2 Durch diese Maßnahme werden weitere Eingriffe im Garten erheblich reduziert. Dies dürfte vor allem viele Anhänger unter den Gartenfreunden finden, die wenig Zeit haben und häufig abwesend sind.

3 Da Mulchen die Verdunstung mindert, wird gleichzeitig das Feuchtigkeitsbedürfnis der Erde verringert.

4 Darüber hinaus garantiert das Mulchen eine bessere Belüftung des Bodens und verhindert die Verdichtung durch Regenwasser.

5 Zu guter Letzt ist das Mulchen ein nicht zu unterschätzender Verbündeter im Kampf gegen Unkräuter und ein ausgezeichnetes Mittel zur Bodenverbesserung.

Krankheiten und Schädlinge

Ein gut gepflegter Rosenstock ist gegen viele negative Einflüsse gewappnet. Hält sich ein Gartenfreund penibel an die Pflanz- und Pflegeanleitungen, hat er alle Chancen gewahrt, gesunde Rosen zu kultivieren. Außerdem hängt eine gute Krankheitsresistenz des Rosenstocks auch von seiner Vitalität ab: Die hohen Strauchrosen und die robusten Kletterrosen sind stets weniger krankheitsanfällig als die kleineren und weniger wüchsigen Sorten.

Rosenrost und Sternrußtau

Rosenrost *(Phragmidium spec.)* und Sternrußtau *(Marssonina rosae)* treten meistens während der warmen und feuchten Witterungsperioden auf.
Das wirksamste Mittel gegen diese Plagen ist präventives Spritzen, eine Maßnahme, die von Juni bis September alle zwei Wochen wiederholt werden muss.
Rosenrost zeigt sich durch orangefarbene Pusteln auf dem Rosenlaub. Setzt man rechtzeitig ein Spritzmittel ein, ist die Behandlung durchaus wirksam. Vorausgesetzt, sie wird in zweiwöchigem Abstand bis zur Genesung wiederholt.
Sternrußtau erkennt man an den braunen oder schwarzen Flecken an den Blättern der Rose. Sämtliches befallenes Laub muss entfernt und verbrannt werden. Dabei sollten auch die kranken Blätter vom Boden aufgesammelt werden, um zu verhindern, dass der Erreger auf diese Weise in der Erde überwintert.
Eine Behandlung mit der sog. Bordeaux-Mischung (einer Kupfer-Sulfat-Lösung) im Winter vernichtet die Sporen dieses Pilzes.

Echter Mehltau

Mehltau *(Sphaerothéca pannósa)* ist ein weiteres Übel, das Rosen häufig befällt. Er zeigt sich als gräulich-weißer pudriger Überzug auf Blättern und Spitzen der jungen Triebe.
Ohne Behandlung breitet sich dieser Pilz rasch aus und schwächt die Pflanze so sehr, dass sie keine neuen Blüten mehr austreibt. Spritzen Sie während trockener, windstiller Perioden ein Fungizid.

Blattläuse

Blattläuse befallen Rosen und saugen deren Pflanzensaft.
Man kann vorbeugend ein systemisches Insektizid gegen sie ausbringen, das durch die Blätter in den Pflanzensaft gelangt.
Bei akutem Befall empfiehlt sich ein Kontakt-Insektizid. In diesem Fall muss die ganze Rose besprüht werden.

Raupen

Gegen Raupenbefall gibt es ebenfalls wirksame Spritzmittel. Hält sich der Befall in Grenzen, beschränken Sie sich lieber darauf, die Raupen abzulesen oder lassen Sie sich die Arbeit von den Vögeln abnehmen. Installieren Sie im Herbst ein oder mehrere Nistkästen und locken Sie damit Meisen in Ihren Garten. Sie sind in diesem Kampf Ihre besten Verbündeten.

Blattwanzen und rote Spinnen (Spinnmilben)

Diesen Befall behandelt man schon gleich beim Auftauchen erster Symptome. Die Blattwanzen bohren winzige Löcher in die Knospenspitzen, und rote Spinnen sind als winzige helle Punkte an den Blattunterseiten erkennbar.

Biologische Schädlingsbekämpfung

■ Sind Sie gegen den Einsatz chemischer Keulen, können Sie sich im Versandhandel oder in Spezialgeschäften Marienkäferlarven besorgen. Auf den befallenen Rosen einmal ausgesetzt, machen sich diese hungrigen Larven rapide über Ihre Blattläuse her.
Diese Methode erlaubt keine vorbeugende Maßnahme, die Larven müssen fressen, um zu überleben und um ihr nächstes Entwicklungsstadium, das des Marienkäfers, zu erreichen. Im einschlägigen Handel werden dazu auch weitere Nützlinge (z. B. Schlupfwespen) angeboten.
■ Brennnesseljauche ist ebenfalls ein Mittel, um Blattläuse in Schach zu halten. Nehmen Sie 1 kg Brennnesseln, die noch keine Samen ausgebildet haben, auf 10 l Regen- oder Quellwasser. Lassen Sie die Brühe vier bis fünf Tage stehen. Vor dem Spritzen verdünnen Sie die Jauche auf 20 %.

Der Rückschnitt

Dieses heikle Thema erregt und spaltet die Gartenfreunde wie kein anderes. Tatsächlich dürfen Sie getrost alle komplizierten Theorien vergessen, solange Sie ein paar einfache Faustregeln beachten. Sinn und Zweck eines Rückschnitts sind allein die Förderung des Wachstums neuer Triebe und die harmonische Wuchsform der Rose.

Ausrüstung

- Ein Paar feste Handschuhe zum Schutz gegen Dornen.
- Eine gut geschärfte Gartenschere. Zur Vermeidung der Übertragung von Krankheiten raten einige Gartenfreunde nach jedem beschnittenen Stock zur Desinfektion der Schneide mit Alkohol.
- Eine Astschere sowie eine Astsäge für verholzte und stärkere Zweige.

Der gute Schnitt

1 Rosen schneidet man jeweils über einem Auge, das heißt, über einem mehr oder weniger ausgebildeten Trieb. Schneidet man früh im Jahr, sind die Augen gelegentlich schwierig zu erkennen. Mit etwas Erfahrung lernen Sie auch diese zu unterscheiden: Augen sitzen über der Narbe, die ein abgefallenes Blatt hinterlassen hat.

2 Im Allgemeinen setzt man den Schnitt über einem nach außen gewandten Auge an, um eine zu starke Verdichtung der Zweige im Inneren des Rosenstocks zu verhindern.

3 Die Schnittfläche muss schräg sein und so vom Auge wegführen, dass kein Wassertropfen daran hängen bleibt und sich Fäulnis ausbreiten kann.

4 Über dem gewählten Auge lässt man noch einen Zentimeter des Zweigs stehen.

Der Rückschnitt im Einzelnen

Der Rückschnitt bei Buschrosen

Der Rückschnitt dieser Rosen erfolgt normalerweise Ende Februar oder im März. Dennoch sollten schon im Herbst aus ästhetischen Gründen und um die Angriffsfläche für den Wind zu vermindern, sämtliche Zweige des Rosenstocks um ein Drittel eingekürzt werden.

❶ Vorrangigste Aufgabe des Schnitts ist auch hier die Entfernung von totem Holz und schwachen, sich berührenden oder überkreuz wachsenden Ästen.

❷ Die verbleibenden, gesunden und kräftigen Triebe werden bis auf 20 cm über dem Boden zurückgeschnitten. Ein kurzer Rückschnitt fördert die Ausformung besonders schöner Rosen, während ein weniger radikaler Schnitt mit einer üppigeren Blüte belohnt wird.

Büschelblütige Rosen (Floribunda) und Miniaturrosen sollte man nur schonend beschneiden. Es werden lediglich die Haupttriebe um ein Drittel ihrer Länge eingekürzt.

Der Rückschnitt bei Strauchrosen

Gewisse Exemplare dieser Rosen können beträchtliche Ausmaße an Umfang und Höhe annehmen.

❶ Beginnen Sie mit der Entfernung schwacher, toter und sich gegenseitig behindernder Zweige.

❷ Unterscheiden Sie dann die Haupt- von den Nebentrieben.

❸ Die Haupttriebe bilden das Gerüst eines Rosenstocks. Sie sind die vitalsten Organe. Überalterte Triebe werden alljährlich entfernt. Die Übrigen werden, entsprechend dem der Rose zur Verfügung stehenden Platz, um mindestens ein Drittel eingekürzt.

❹ Die Nebentriebe, die sich von den Haupttrieben abzweigen, kürzt man auf zwei bis drei Augen über dem Ansatz.

Der Rückschnitt bei Stammrosen

Hochstammrosen wurden auf dem aufrechten Stamm einer Pfropfunterlage veredelt.

❶ Entfernen Sie schwaches oder totes Holz während der Ruhephase.

❷ Schneiden Sie moderat (kürzen Sie insgesamt ein Drittel der Länge), um eine ausgewogene Form zu erhalten. Setzen Sie den Schnitt über einem nach außen zeigenden Auge an.

Der Rückschnitt bei Trauerstämmen: Hierbei handelt es sich um auf Stamm veredelte Ramblerrosen. Die meisten blühen nur einmal. Sie werden nach der Blüte geschnitten, indem jeder Trieb, der Blüten getragen hat, auf ein Auge gekürzt wird. Auch hier ist vor allem der Erhalt einer ausgewogenen Silhouette des Rosenstocks wichtig; dazu werden die längsten Zweige gekappt.

Der Rückschnitt bei nicht remontierenden Rosen

Diese Rosen, die nur einmal und im Sommer blühen, werden nach der Blüte geschnitten. Damit soll die Ausbildung von Seitentrieben und weiteren Trieben an diesen Seitentrieben gefördert werden, an denen die Blütenknospen für die kommende Saison ansetzen.

❶ Beginnen Sie mit der Entfernung von totem Holz und sämtlichen schwachen Zweigen, die Sie am Ansatz abschneiden.

❷ Kürzen Sie ebenfalls sich kreuzende Zweige (reiben sie gegeneinander, werden sie an den Wunden anfällig für Krankheiten).

❸ Ist die Säuberung des Rosenstocks erfolgt, kürzen Sie die längsten Haupttriebe ein. Schneiden Sie unterhalb der verblühten Teile und über einem Auge. Die Seitentriebe werden gleichermaßen zurückgeschnitten, wobei Sie jedoch nie das harmonische Gesamtbild der Rose aus den Augen verlieren sollten.

Zusammenfassend kann man sagen, dass einmal blühende Rosen vor allem einen moderaten und säubernden Schnitt brauchen.

Der Rückschnitt bei Kletterrosen

❶ In den ersten beiden Jahren nach ihrer Pflanzung ist bei Kletterrosen kein Schnitt nötig. Die Pflege beschränkt sich auf die Erziehung an Rankgerüsten, wobei die Zweige möglichst in eine horizontale Wuchsrichtung gezwungen werden sollen. Horizontal verlaufende Haupttriebe sind einer Ausbildung von Nebentrieben förderlich, an denen sich wiederum die Blütenknospen bilden.

❷ Vom dritten Jahr an ist es notwendig, einen Teil des alten Holzes und der schwachen Zweige zu kürzen.

❸ Haupttriebe, die zu kümmern beginnen, werden oberhalb eines Auges abgeschnitten, um den Austrieb eines neuen Zweiges zu begünstigen. Haben diese bereits einen vitalen und gesunden neuen Trieb ausgebildet, begnügt man sich damit, sie direkt vor Letzterem abzuschneiden.

❹ Alle Seitentriebe werden danach um die Hälfte eingekürzt, um ihre Blühfreudigkeit anzuregen.

Die Ramblerrosen erfordern nur einen Kontrollschnitt, wenn sie zu stark wuchern oder totes Holz entfernt werden muss.

Die Bogenerziehung

Zahlreiche Rosenliebhaber nutzen diese Methode der Bogenerziehung, um ihre einmal blühenden Strauchrosen zu einer üppigeren und ausdauernderen Blüte anzuregen.

1 In einer Saison lässt man über einem alten Holz, das Blüten angesetzt hat, junges Holz austreiben.

2 Im Januar/Februar werden die äußersten Ausläufer dieser jungen Zweige über am Rand des Rosenstockes aufgestellte Bambus- oder Haselbögen gezogen und befestigt. Auf diese Weise wird die Zirkulation des Pflanzensaftes verlangsamt und damit der Zweig auf seiner gesamten Länge zum Blühen gebracht.

3 Im darauf folgenden Jahr entfernt man die ältesten Zweige und formt mit den frischen Trieben wiederum eine Rosenkuppel.

4 Bei alljährlicher Anwendung dieser Methode bewirkt diese lockere, selektive Erziehung an Bögen eine anhaltende Blüte bei normalerweise nur kurz blühenden Sorten.

Schematische Darstellungen zum Rosenschnitt

Rückschnitt einer Rose
vor dem Einpflanzen.

Rückschnitt einer Buschrose.

Regel Nr. 1
Für die Pflanzung gilt:
Unabhängig von der Sorte müssen alle Rosen nach dem Einpflanzen mehr oder weniger stark zurückgeschnitten werden. Diese Maßnahme erleichtert das Anwachsen und fördert den Neuaustrieb an der Basis der Pflanze.
Bei Herbstpflanzungen genügt zunächst ein moderater Schnitt, der erst nach dem Winter mit stärkeren Eingriffen fortgeführt wird.

Regel Nr. 2
Für die weitere Pflege gilt:
Botanische Rosen werden in der Regel nicht oder nur moderat geschnitten.
Öfter blühende Sorten werden nach der Blütezeit im Herbst und vor der nächsten Blütezeit im Frühjahr geschnitten.
Für einmal blühende Sorten genügt ein Schnitt unmittelbar nach der Blüte, also im Sommer.

Rückschnitt einer Strauchrose.

Rückschnitt und Erziehung am Klettergerüst bei einer Kletterrose während der ersten drei Jahre.

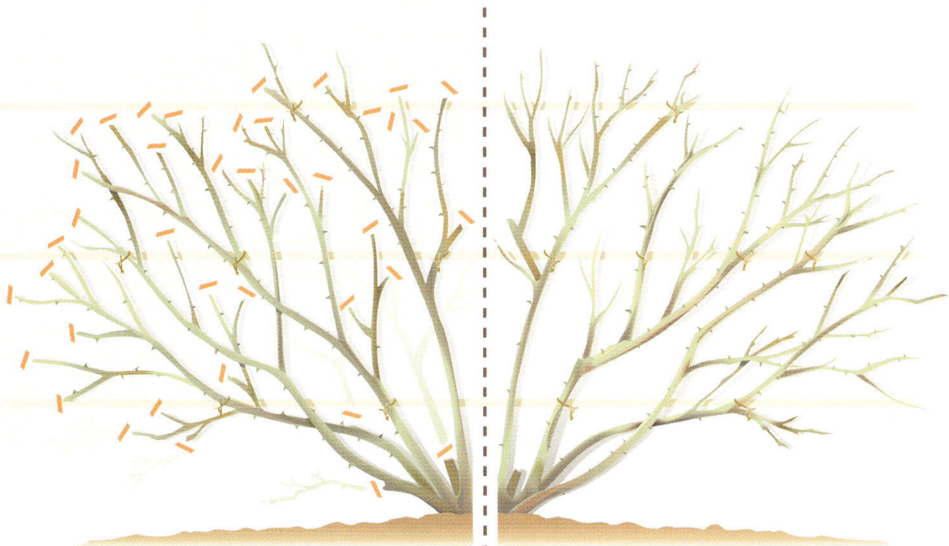

Rückschnitt einer mehrfach blühenden Kletterrose (Rückschnitt nach dem Winter).

Rückschnitt einer einmal blühenden Kletterrose (Schnitt nach der Blüte).

Vermehrung von Rosen

Zu Recht ist ein Gartenfreund stolz, wenn ihm die eigenhändige Vermehrung seiner Rosen gelingt. Die einfachsten Techniken hierbei sind die Vermehrung durch Stecklinge und das Absenken (das Pfropfen bleibt meist professionellen Gärtnern vorbehalten). Die Vermehrung durch Stecklinge geschieht durch Schneiden eines Steckholzes von der zu vermehrenden Rose, das man anschließend in die Erde steckt. Beim Absenken nimmt man einen Trieb der Mutterrose, biegt ihn zum Boden und befestigt ihn dort, damit er Wurzeln ausbildet.

Die Stecklingsvermehrung

Die Rosen, die sich am besten für die Stecklingsvermehrung eignen, sind alle *Rosa rugosa*-Sorten und ihre Abkömmlinge. Gleichermaßen gut lassen sich Wildsorten (botanische Rosen) und alte Buschrosen mit dieser Methode vermehren.

Stecklinge aus diesjährigem Holz

Mitte Juni schneidet man gut ausgebildete Triebe von 6 cm Länge, von denen jeder zwei bis vier Augen und einige Blätter aufweist.
Schneiden Sie die untersten Enden senkrecht unterhalb eines Auges ab. Schneiden Sie anschließend die obersten Enden schräg oberhalb eines Auges ab.
Belassen Sie lediglich zwei Laubtriebe am Steckling. Sind diese zu ausladend, kürzen Sie diese auf die Hälfte ein.
Tauchen Sie die Stecklinge mit dem unteren Ende eventuell in Bewurzelungspulver.
Stecken Sie diese mit Zweidrittel ihrer Länge in einen Topf, gefüllt mit Sand und Torf.
Anschließend geben Sie eine Glasglocke oder auch einen Plastikbeutel darüber, um ein gleichmäßig feuchtes Klima aufrechtzuerhalten. Achten Sie darauf, dass der Topf stets gewässert wird. Stellen Sie ihn an einen schattigen Platz.
Nach ungefähr zwei Monaten topfen Sie Ihre Stecklinge in lockere Einheitserde um.

Das Absenken

Der Frühling ist die optimale Jahreszeit für die Vermehrung durch Absenken. Alte Rosen mit weichen, biegsamen Trieben (Damascena, Alba, Bourbon usw.), Kletterrosen und alle Ramblerrosen eignen sich ausgezeichnet für diese Methode. Bei Rosen mit einem starren aufrechten Wuchs dagegen ist die Technik zum Scheitern verurteilt.
Wählen Sie einen gesunden einjährigen Trieb aus.
Schneiden Sie das Laub daran ab und machen Sie ungefähr 30 cm unterhalb des oberen Endes, an dem Teil, der in die Erde gesteckt wird, einen Schnitt in die Rinde des Zweiges.
Sie können diesen Teil auch mit Bewurzelungspulver behandeln. Unbedingt nötig ist das jedoch nicht.
Biegen Sie den Trieb zu Boden, legen Sie ihn dort in eine Senke und befestigen Sie ihn mit einer Drahtnadel auf der Erde.
Entdecken Sie bei dem aus dem Boden ragenden Teil erste Anzeichen von Wachstum, können Sie den Absenker von der Mutterpflanze abkappen. Achten Sie jedoch darauf, dass das nicht zu früh geschieht.
Im darauf folgenden Herbst kann die neue Pflanze vorsichtig umgetopft werden, wobei der Wurzelballen nicht beschädigt werden sollte.

Stecklinge aus einjährigem Holz

1 Am Winteranfang, im Dezember, schneiden Sie einen gesunden Jahrestrieb von gut 30 cm Länge.

2 Schneiden Sie das untere Ende keilförmig unterhalb eines Auges ab. Kappen Sie anschließend die oberen Enden schräg über einem Auge. Entfernen Sie die Blätter, lassen Sie jedoch den Blattstiel stehen.

3 Tauchen Sie die unteren Enden in ein Bewurzelungspulver.

4 Stecken Sie die Stecklinge mit einem Drittel ihrer Länge an einem schattigen und windgeschützten Platz in Ihrem Garten in lockere Erde.

5 Ebenso gut können Sie die Stecklinge in einen Topf pflanzen, der zu gleichen Teilen aus feuchtem Torf und Sand gefüllt ist. Anschließend stellen Sie den Topf an einen geschützten Platz oder unter einen Frostschutz. Halten Sie die Erde stets feucht.

6 Im folgenden Herbst werden die Stecklinge herausgenommen. Beschneiden Sie sie gut und pflanzen Sie diese anschließend an den ihnen zugedachten Standort.

ROSIER
ALBERTINE

Rosen und ihre Farben – eine Palette des Rosenliebhabers

Weiß gilt gemeinhin als das Symbol für Unschuld und Keuschheit,
Rot steht für Leidenschaft, Gelb für Licht und Glanz ...

Ginge es jedoch nach mir, wären die schönsten Plätze
in meinem Teil des Paradieses den guten alten Rosen
von schlichtem Rosa vorbehalten – Sinnbild für Zärtlichkeit
und guten Geschmack.

Weiße Rosen

›Dupontii‹

Gallica-Hybride. Europa vor 1817

›Schneewittchen‹, auch ›Iceberg‹, ›Fée des Neiges‹

Floribunda-Rose. Kordes, Deutschland 1958

Beschreibung: An kräftigen, am Ansatz aufrechten, dann hübsch sich bogenförmig biegenden Trieben erscheinen sehr einfache, rein weiße Blüten mit gelben oder kastanienbraunen Staubgefäßen. Diese Blüten öffnen sich in betäubend duftenden Büscheln. Über dem grau-grünen Laub reifen im Herbst glänzend orangefarbene Hagebutten.

Verwendung: Die auch auf kargen Böden gedeihende Rose ist sehr anpassungsfähig. Sie eignet sich ebenso für die Verwendung als Heckenrose wie als Beetrose. Ihr Habitus einer Wildrose empfiehlt sie allerdings für ländliche, naturbelassene Situationen.

- **Höhe:** 250 cm
- **Breite:** 220 cm
- **Blüte:** einmal blühend
- **Schnitt:** nach der Blüte leichtes Einkürzen der Seitentriebe

Beschreibung: Eine mit gutem Grund bei Gartenfreunden sehr beliebte Strauchrose mit ausgezeichneten Qualitäten. Ihre gefüllten, zart duftenden Blüten sind von einem seltenen Reinweiß. Sie blüht durchgehend von Anfang Sommer bis in den Herbst. Das glänzende, dunkelgrüne Laub dieses aufrechten Strauchs ist kaum anfällig für Krankheiten.

Verwendung: Diese Rose empfiehlt sich in der Mehrzahl für Rabatten. Ein Rahmen aus Buchs unterstreicht ihr klares Weiß. Die Mischung mit Stauden wie Frauenmantel *(Alchemilla)* oder panaschierten Funkien *(Hosta)* ist spektakulär. Darüber hinaus bietet sich diese Rose auch als Schnittblume an.

- **Höhe:** 90 cm
- **Breite:** 65 cm
- **Blüte:** dauerblühend
- **Schnitt:** normal, nach dem Winter

›Manning's Blush‹

Herkunft und Eltern unbekannt

Rosa fedtschenkoana

Asien, ca. 1880 eingeführt

Beschreibung: Die Blüten sind mittelgroß, weiß und zur Blütenmitte hin leicht rosa überhaucht. Sie öffnen sich zu einer gefüllten Schalenform von angenehmem Duft. Der Strauch als Ganzes ist kompakt, üppig belaubt, und duftet nach grünen Äpfeln.

Verwendung: Diese Strauchrose lässt sich problemlos in eine niedrige Hecke oder in ein gemischtes Beet mit Stauden integrieren, denen sie einen dichten Hintergrund bieten kann. In ihrem Vordergrund machen sich Katzenminze oder schöne Salbeiarten besonders gut.

- **Höhe:** 120 cm
- **Breite:** 120 cm
- **Blüte:** normalerweise nur einmal blühend, kann jedoch gelegentlich im Herbst wiederkommen
- **Schnitt:** schwaches und totes Holz entfernen; gegen Ende des Sommers die Seitentriebe, die Blüten getragen haben, einkürzen

Beschreibung: Eine Strauchrose mit der Wuchsform der Wildrose, wie geschaffen für den Naturgarten. Ihre einfachen Blüten sind von reinem Weiß und haben auffällig schöne goldgelbe Staubfäden. Ihre leicht knittrigen Blütenblätter sind durchscheinend wie aus Papier. Das farnartige Laub ist graugrün. Im Herbst bilden sich schöne birnenförmige Hagebutten aus.

Verwendung: Diese Rose ergibt in Verbindung mit anderen Sträuchern oder Rosen ähnlicher Wuchsform schöne Wildhecken. Sie wirkt ebenso attraktiv vor einer Kulisse von Waldrandbäumen, wie zum Beispiel der roten Hasel oder Hartriegeln.

- **Höhe:** 150 cm
- **Breite:** 120 cm
- **Blüte:** mehrfach blühend
- **Schnitt:** leichter Rückschnitt nach dem Winter

Rosa alba ›Maxima‹, auch ›Jakobiterrose‹ oder ›Great Double White‹

Alba-Rose. Vor 1867

Beschreibung: Über bläulich grünem Laub entfalten sich große, dicht gefüllte, üppige und duftende Blütenbüschel in Cremeweiß. Der Strauch bietet einen reizenden Anblick. Trotz seiner verhältnismäßig knappen Blütezeit gewinnt dieser Strauch im Herbst durch seine dekorativen, oval geformten Hagebutten neuen Reiz.

Verwendung: Die hübsche Wuchsform dieser Rose erlaubt ihre Verwendung nicht nur in einer Hecke, sondern auch in Einzelstellung oder in der Mischung mit Stauden wie zum Beispiel dem Rittersporn, der zur selben Zeit blüht.

- **Höhe:** 200 cm
- **Breite:** 150 cm
- **Blüte:** einmal blühend im Juni
- **Schnitt:** Rückschnitt nach der Blüte

›Prosperity‹

Moschata-Hybride. Pemberton, Großbritannien 1919

Beschreibung: Eine kompakte Strauchrose mit glänzendem Laub und schön geformten, gefüllten Blüten in Elfenbeinweiß mit einem zitronengelben Hauch zur Mitte hin. Die Blütenbüschel duften herrlich. Die Zweige dieser Rose neigen sich anmutig unter der Last ihrer Blüten – ein reizvoller Anblick.

Verwendung: Eine Rose für schöne Beete. Pflanzt man sie lieber in Einzelstellung, wirkt sie besonders in Dreiecksgruppen, wobei man einen Abstand von jeweils 1 m einhalten sollte.

- **Höhe:**150 cm
- **Breite:** 120 cm
- **Blüte:** öfter blühend
- **Schnitt:** Rückschnitt nach dem Winter

›Blanc Double Coubert‹

Rugosa-Hybride. Cochet, Frankreich 1892

Beschreibung: Diese vitale und kompakte Strauchrose erfreut sich großer Beliebtheit. Hauptattraktion sind ihre prächtig gefüllten reinweißen Blüten, die beinahe an altmodische Papierblumen erinnern und stark duften. Das satt dunkelgrüne Laub dieser Rose, typisch für die Familie der *Rosa rugosa*, ist ausgesprochen krankheitsresistent. Im Herbst zeigt es eine reizvolle goldgelbe Färbung. Runde, rote Hagebutten setzen gelegentlich an, sind jedoch nie zahlreich.

Verwendung: Geeignet für lockere Hecken, Rabatten sowie Mischbeete. Ihre Wuchsform ist betont aufrecht. Als Begleitstaude eignet sich weißer oder roter Storchschnabel.

- **Höhe:** 150 cm
- **Breite:** 180 cm
- **Blüte:** öfter blühend
- **Schnitt:** Einkürzen sämtlicher Triebe um ein Drittel nach dem Winter

›Sombreuil‹

Teerose. Robert, Frankreich 1850

Beschreibung: Ein dichter, üppiger Strauch, der sich ebenso gut an niedrigen Kletterhilfen ziehen lässt. Die dicht gefüllten Blüten sind geviertelt. Ihre vorherrschende Farbe ist Cremeweiß, das sich nicht selten vor dem Verblühen im Inneren durch einen Hauch Rosa verfärbt. Diese Rose hat den ausgeprägt charakteristischen Duft der Teerosen und blüht bis in den Winter hinein.

Verwendung: Wie die meisten Teerosen ist auch diese Sorte nicht ganz unempfindlich. Es ist daher ratsam, sie bei härteren klimatischen Bedingungen im Winter zu schützen. Sie eignet sich sowohl als solitärer Strauch als auch als schöne Kletterrose an niedrigen Mauern oder Klettergerüsten.

- **Höhe:** 150 cm
- **Breite:** 150 cm
- **Blüte:** häufiger wiederblühend
- **Schnitt:** leichter Rückschnitt nach dem Winter

Rosa Rosen

›Jacques Cartier‹

Portland-Rose. Moreau-Robert, Frankreich 1868

Beschreibung: Ein wahres Prachtexemplar mit dicht gefüllten, leicht zottigen Blüten von reinem, kräftigen Rosa, perfekt geviertelt, mit zartgrüner Mitte. Das Laub ist von sattem Grün und üppig. Ihr starker, schwerer Duft macht diese Rose zu einer der allerbesten.

Verwendung: Diese Rose lässt sich problemlos in niedrige Hecken oder in Beete zusammen mit blauen Skabiosen oder Schopf-Lavendel *(Lavandula stoechas)* einbringen. Selbst im Topf gedeiht sie gut. Ein weiteres Qualitätsmerkmal ist, dass sie Halbschatten verträgt.

- **Höhe:** 120 cm
- **Breite:** 90 cm
- **Blüte:** dauerblühend
- **Schnitt:** normaler Rückschnitt am Ende des Winters

›Erfurt‹

Moschata-Hybride. Kordes, Deutschland 1939

Beschreibung: Die Eleganz dieser Rose empfiehlt sie, wo auch immer, für den Vordergrund. Die duftenden, einfachen Blüten sind von außergewöhnlicher Reinheit und Klarheit. Ihr schönes, intensives Rosa wird zur Mitte hin blasser, beinahe Weiß. Auch das kupfergrüne Laub ihrer sehr dornigen Triebe ist ein ausgesprochen schöner Anblick.

Verwendung: Die gute Widerstandskraft dieser Rose und ihr attraktives Erscheinungsbild machen sie geeignet für jeden Standort. Man kann sie mit anderen Sträuchern in einer Hecke integrieren oder sie als attraktive Hintergrundkulisse eines Staudenbeets pflanzen.

- **Höhe:** 150 cm
- **Breite:** 120 cm
- **Blüte:** dauerblühend
- **Schnitt:** Einkürzen auf ein Drittel nach dem Winter – unter Berücksichtigung einer harmonischen Silhouette

›Félicité Parmentier‹

Alba-Rose. Parmentier, Belgien 1834

Beschreibung: Die flach schalenförmigen und üppig gefüllten Blüten sind von einem Zartrosa, das vor dem Verwelken verblasst. Die Petalen biegen sich beim Öffnen leicht zurück, was den Blüten das typische, kugelrunde Erscheinungsbild verleiht. Der buschige Strauch erreicht einen für eine Alba-Rose verhältnismäßig moderaten Umfang. Ihre Wuchsform ist ausgewogen, ihr elegantes Laub gezackt und blaugrün.

Verwendung: Diese Rose bietet sich für niedrige Hecken an, möglicherweise vor einer höheren Kulisse aus Eiben oder Blütensträuchern im Hintergrund. Auch ein Standort im Halbschatten kann ihrer Blüte nichts anhaben.

- **Höhe:** 100 cm
- **Breite:** 90 cm
- **Blüte:** einmal blühend
- **Schnitt:** Rückschnitt wie bei den meisten einmal blühenden Rosen nach der Blüte

›Leonardo da Vinci‹

Moderne Rose. Meilland, Frankreich 1994

Beschreibung: Diese buschig wachsende Floribunda-Rose hat dicht gefüllte, rundliche Blüten in einem ausdrucksvollen Dunkelrosa. Ihre Blüten sind stabil und ausgesprochen regenfest. Sie vereinigt in sich die romantische Erscheinungsform der altmodischen Rosen mit dem Charakter moderner Rosen, was sie zu einer der gesündesten Rosen macht.

Verwendung: Bei einer Verwendung als Rosenrabatte empfiehlt sich bei dieser Rose die Pflanzung in einer Reihe oder in Fünfer-Gruppen (wie bei einem Würfel), wobei der Abstand zwischen den Stöcken 40 cm betragen sollte. Diese Rose wirkt besonders spektakulär in der Masse.

- **Höhe:** 80 cm
- **Breite:** 70 cm
- **Blüte:** mehrfach blühend
- **Schnitt:** Einkürzen der Triebe um ein Drittel ringsherum zu Beginn des Frühjahrs

›Centenaire de Lourdes‹, auch ›Mrs.Jones‹

Floribunda-Rose. Delbard-Chabert, Frankreich 1958

Beschreibung: Eine Rose, die unbegreiflicherweise nicht öfter in unseren Gärten auftaucht, denn sie ist wahrhaft eine gelungene Kreation. Ihre reichen Büschel aus halb gefüllten Blüten sind von zartem Rosa mit farbintensiveren Glanzlichtern und zeigen sich nahezu ununterbrochen von Anfang Sommer bis in den Herbst hinein. Ihre an den Rändern sanft gezahnten Blütenblätter verströmen den Duft von Jasmin. Üppiges Wachstum und smaragdgrünes, krankheitsresistentes Laub sind zwei weitere Qualitätsmerkmale, die jeden Rosenfreund für diese Sorte einnehmen sollten.

Verwendung: ›Centenaire de Lourdes‹ ist die perfekte Beetrose. Praktiziert man einen moderaten Schnitt, erhält man eine attraktive Strauchrose in Einzelstellung. Die Pflanzung im Topf ist möglich.

- **Höhe:** 120 cm
- **Breite:** 120 cm
- **Blüte:** dauerblühend
- **Schnitt:** nach dem Winter

›La Ville de Bruxelles‹

Damascena-Rose. Vibert, Frankreich 1849

Beschreibung: Besonders geschätzt wird diese vitale Strauchrose von aufrechtem Wuchs aufgrund ihrer großen gefüllten Blüten. Letztere sind in der Mitte geviertelt, nach innen gebogen und von reinem, erfrischenden Rosa. Ihr Duft ist betäubend. Die Blütenbüschel entfalten sich an aufrechten Zweigen.

Verwendung: Diese Rose wirkt vor allem in Einzelstellung. Es empfiehlt sich durchaus, sie auch in einer Dreiecksgruppe bei einem Abstand von 80 –100 cm zu pflanzen. Im Beet harmoniert ihre frische Farbe besonders mit reinweißen Rosen oder Schleierkraut.

- **Höhe:** 130 cm
- **Breite:** 100 cm
- **Blüte:** einmal blühend
- **Schnitt:** nach der Blüte

›Camaïeu‹,

Gallica-Rose. Vibert, Frankreich 1830

Beschreibung: Die Farbe dieser Sorte erinnert an ›Variegata di Bologna‹. Auch sonst ist diese Rose die Quintessenz von Fülle und Sinnlichkeit. Ihre mittelgroßen, locker und doch reich gefüllten Blüten sind blassrosa mit karminroten Streifen, die später in Lavendel und Purpur übergehen. Ihre Form ist elegant und ihr Duft intensiv. Der Strauch ist reich verzweigt und üppig belaubt.

Verwendung: Diese Rose eignet sich für niedrige Hecken und als Topfpflanze. Darüber hinaus ist sie eine schöne Beetrose. Allerdings ist die Kombination mit kurzblütigen Stauden angesichts der unsicheren Blütezeit dieser Rose ein Spiel mit dem Zufall.

- **Höhe:** 90 cm
- **Breite:** 90 cm
- **Blüte:** einmal blühend
- **Schnitt:** nach der Blüte

›Fêtes galantes‹

Teehybride. Delbard, Frankreich 1994

Beschreibung: Der Name steht für eine Rose ohne Fehl und Tadel, die all jene begeistern muss, die den reizvollen Stolz der Teehybriden lieben. Der einheitlich mittelrosa Farbton ihrer Blüten hat Finesse und Eleganz. Davon abgesehen ist dieser blühfreudige gesunde Busch auch für die Freunde von Duftrosen reizvoll.

Verwendung: In groß angelegten Rosenbeeten oder in Gesellschaft mit Lavendel oder Wermut (z. B. *Artemisia* ›Powis Castle‹) ist diese vitale Rose gleichermaßen spektakulär wie robust.

- **Höhe:** 90 cm
- **Breite:** 90 cm
- **Blüte:** öfter blühend
- **Schnitt:** ein Rückschnitt erfolgt alle zwei oder drei Jahre nach dem Winter

›Comte de Chambord‹

Portland-Rose. Moreau-Robert, Frankreich 1863

Beschreibung: Ihre große Ähnlichkeit mit ›Jacques Cartier‹ macht die Entscheidung für die eine oder andere äußerst schwierig. Die dicht gefüllten Blüten, oft im Inneren rosettenartig geviertelt, sind von sattem, lila überhauchtem Rosa. Der Duft ist intensiv und berauschend. Ihre zartgrünen Blätter sind ungewöhnlich groß und stehen dicht an den aufrechten, sehr stacheligen Trieben.

Verwendung: Diese Rose eignet sich hervorragend für engere Gartenräume. Ihr kleiner Wuchs empfiehlt sie als charmanten Akzent für den Gemüsegarten oder in einer Situation, die den alten Pfarrgärten ähnelt. Inmitten von Iris oder Pfingstrosen wirkt sie einfach prachtvoll.

- **Höhe:** 90 cm
- **Breite:** 60 cm
- **Blüte:** dauerblühend
- **Schnitt:** normaler Rückschnitt nach dem Winter

›Auberge de l'Ill‹

Ève, Frankreich 2001

Beschreibung: Der berühmte Rosenzüchter André Ève ist ausgesprochen stolz auf diese Kreation. Die wüchsige, stark verzweigte Rose bordet geradezu über von großen Büscheln graziler pomponartiger Blüten in Blassrosa. Sie zeigt diese Blütenpracht unermüdlich über den ganzen Sommer bis in den Herbst. Davon abgesehen ist es eine äußerst zuverlässige, leicht zu kultivierende Rose.

Verwendung: Eine für jede Situation geeignete Rose. Im Garten eignet sie sich hervorragend im Vordergrund eines mehrstufigen Beetes. Ihr gutmütiger Charakter ist nicht hoch genug einzuschätzen, wenn es um die Eingangssituation eines Gemüsegartens, den Schmuck einer Terrasse oder eines Balkons geht, wo ihre lange und überaus üppige Blütezeit besonders gern gesehen ist.

- **Höhe:** 50 cm
- **Breite:** 50 cm
- **Blüte:** dauerblühend
- **Schnitt:** normaler Rückschnitt nach dem Winter

›Gloire des Mousseux‹

Moosrose. Laffay, Frankreich 1852

Beschreibung: Diese Rose ist ein Genuss für die Sinne, voller Zartheit und Schönheit. Ein duftiges Zuckerbackwerk aus Blütenblättern! Die Blüte ist überaus groß, gut gefüllt und von einem Zartrosa, das lebendig und zerbrechlich zugleich erscheint. Ihr Duft besticht auch die empfindlichsten Nasen: süß mit einer leicht fruchtigen Note. Dieser Strauch ist robust, mit schönem hellgrünen Laub, die Stängel sind bemoost.

Verwendung: Diese Rose ist als solitärer Strauch ebenso dekorativ wie in einer Hecke und lässt sich auch gut im Topf ziehen. Man sollte sich diese Pracht auf Terrassen oder Balkons nicht entgehen lassen.

- **Höhe:** 130 cm
- **Breite:** 100 cm
- **Blüte:** einmal blühend
- **Schnitt:** Rückschnitt um ein Drittel ringsherum nach der Blüte

›Celestial‹

Alba-Rose. Sehr alte Sorte um 1797

Beschreibung: Die locker gefüllten Blüten dieser gleichmäßig blassrosa Rose geben in ihrer Mitte goldfarbene Staubfäden frei, die einen schönen Kontrast zu ihrer Farbe bilden. Bereits die leicht spiralig geformten Knospen sind ausgesprochen attraktiv und verströmen einen intensiven süßen Duft. Das grau-grüne Laub dieser robusten Strauchrose ist wenig krankheitsanfällig.

Verwendung: Diese Rose passt in Hecken und in gemischte Beete. Diejenigen, die einmal blühende Rosen prinzipiell ablehnen, seien daran erinnert, dass immer die Möglichkeit besteht, in Rosenstöcken Clematis oder einjährige Kletterpflanzen (zum Beispiel Prunkwinden) ranken zu lassen, um die lange blütelose Zeit zu überbrücken.

- **Höhe:** 150 cm
- **Breite:** 120 cm
- **Blüte:** einmal blühend
- **Schnitt:** Rückschnitt nach der Blüte

Rote Rosen

›William Shakespeare 2000‹

Remontant-Rose. David Austin, Großbritannien 2000

Beschreibung: David Austin fehlen in seinem Katalog die Worte angesichts all der positiven Eigenschaften, die er dieser Kreation zuschreibt. Das ist verständlich, denn sie ist tatsächlich allen Lobes würdig. Diejenigen, die eine Vorliebe für Rosen von sattem Karmesinrot mit samtigen Blütenblättern haben, finden in ihr eine ausgezeichnet geeignete Sorte von buschigem, aufrechtem Wuchs. Ihr außergewöhnlicher Duft macht sie wirklich zu einer der besten englischen Rosen mit diesem intensiv dunklen Farbton.

Verwendung: Mit ihrer verhältnismäßig geringen Höhe wirkt diese Rose hervorragend im Vordergrund von Mischbeeten. Ihre ausdauernde Blühfreudigkeit ist allerdings ebenso in niedrigen Hecken gefragt.

- **Höhe:** 100 cm
- **Breite:** 80 cm
- **Blüte:** dauerblühend
- **Schnitt:** Rückschnitt von Umfang und Höhe um ein Drittel der Triebe nach dem Winter

›Charles de Mills‹

Gallica-Rose. Vor 1790, Herkunft ungewiss

Beschreibung: Eine Rose mit herrlich großen Blüten, die von Dunkelrot bis Purpur changieren und beim Verblühen ins Violette übergehen. Ihre runden, prallen Knospen öffnen sich zu einer flachen, in der Mitte geviertelten Schale. Der Strauch ist vital, der Wuchs kompakt, und die Triebe, im Ansatz steif, neigen sich unter den schweren Blüten charmant nach außen. Auch ›Bizarre Triomphant‹ genannt, ist diese Rose eine der schönsten Gallica-Rosen.

Verwendung: Perfekt als Heckenrose und gut geeignet als Beetrose. In letzterer Situation bildet ihre intensive Farbe einen guten Kontrast zu blauem Salbei, Malven oder vor einem Hintergrund von Eisenkraut der Sorte ›Buenos Aires‹.

- **Höhe:** 120 cm
- **Breite:** 100 cm
- **Blüte:** einmal blühend
- **Schnitt:** Rückschnitt sämtlicher Seitentriebe nach der Blüte

›Tuscany Superb‹

Gallica-Rose. Rivers 1837 oder William Paul 1848, Großbritannien

Beschreibung: Eine Gallica-Rose der Sonderklasse. Die Blüten entfalten sich in Schalen aus samtigen Blütenblättern von sattem Karmesinrot mit purpurrotem Schimmer. Sie sind außerdem noch größer und vereinen in sich mehr Petalen als die der Sorte ›Tuscany‹, aus der sie gezüchtet wurde und die äußerst selten geworden ist. Sie entfalten ihren Duft an einem kräftigen, aufrechten Strauch.

Verwendung: Diese Sorte ist ideal für gemischte Hecken aus unterschiedlichen Rosen oder in Gesellschaft mit anderen Blütensträuchern. Gleichermaßen graziös wirkt sie in der Mitte eines Beets.

- **Höhe:** 120 cm
- **Breite:** 100 cm
- **Blüte:** einmal blühend
- **Schnitt:** leichter Rückschnitt nach der Blüte

›Henri Martin‹

Moosrose. Laffay, Frankreich 1863

Beschreibung: Moosrosen bringen Charme in einen Garten. So auch diese Sorte, die mit ihren üppig gefüllten Blüten in Karmesinrot und schönen, goldgelben Staubfäden in ihrer Mitte ein richtiger Blickfang sein kann. Die aufrechte Strauchrose blüht nur einmal. Umso intensiver ist allerdings die Freude an dem herrlichen Bild, das sie während ihrer Blüte bietet. Ihr leuchtend grünes Laub ist ein guter Kontrast.

Verwendung: In Einzelstellung oder in Mischbeeten bezaubert diese Rose die Freunde romantischer Gartenszenen. Sie macht sich ebenso spektakulär an einer Rankhilfe.

- **Höhe:** 180 cm
- **Breite:** 120 cm
- **Blüte:** einmal blühend
- **Schnitt:** nach der Blüte

›Le Rouge et le Noir‹

Moderne Teehybride. Delbard, Frankreich 1973

Beschreibung: Dies ist erneut eine prachtvolle Rose, die Delbards Handschrift trägt: große, gefüllte Blüten von exquisiter Ausformung, mit samtigen Blütenblättern in Dunkelrot mit fast schwarzer Schattierung. Dazu verströmt sie einen intensiven Duft nach Rosenöl und Vanille und ist außerordentlich resistent gegen Krankheiten. Das satt glänzende Laub ist dunkelgrün. Eine Rose, die keine Wünsche offen lässt.

Verwendung: Diese Rose ist als Rabatten- und Schnittblume unerreicht, denn ihre Blüten haben lange Stängel und eine aufrechte Haltung.

- **Höhe:** 90 cm
- **Breite:** 90 cm
- **Blüte:** öfter blühend
- **Schnitt:** Rückschnitt alle zwei oder drei Jahre nach dem Winter

›William Lobb‹, auch ›Duchesse d'Istrie‹ oder ›Old Velvet Moss‹

Moosrose. Laffay, Frankreich 1855

Beschreibung: Die großen schalenförmigen Blüten mit starker Bemoosung entfalten sich in Büscheln an kräftigen, langen und leicht gebogenen Trieben. Ihre Farbe ist von einzigartigem purpurnen Karmesinrot mit violettem Schimmer. Ihr Duft ist betörend.

Verwendung: Dieser große, vitale Rosenstrauch gedeiht am besten an einer soliden Stütze. Wird er in eine Hecke gesetzt, hält er sich durch die benachbarten Gehölze. Gleichermaßen problemlos lässt er sich als Rankrose ziehen, pflanzt man ihn an eine Mauer oder Säule.

- **Höhe:** 180 cm
- **Breite:** 150 cm
- **Blüte:** einmal blühend
- **Schnitt:** ein leichter Rückschnitt nach der Blüte ist möglich

›Cardinal Richelieu‹

Gallica-Rose. Laffay, Frankreich ca. 1840

Beschreibung: Inmitten eines kompakten Buschs, an eleganten, fast dornlosen Trieben, erscheinen dicht gefüllte Blüten von perfekter Form in samtigem Purpurviolett. Im Juni ist diese Rose der Höhepunkt eines jeden Gartens. Ihr Duft ist fein und lieblich. Das Laub ist dicht und kräftig grün.

Verwendung: Diese Rose eignet sich ebenso für eine mittelhohe Hecke wie für ein Mischbeet. Als dynamische Farbkomposition pflanzt man unter ihr apricotfarbene Taglilien.

- **Höhe:** 120 cm
- **Breite:** 100 cm
- **Blüte:** einmal blühend
- **Schnitt:** leichter Rückschnitt nach der Blüte

›Mrs. Antony Waterer‹

Rugosa-Rose. Waterer, Großbritannien 1898

Beschreibung: Ein Meer von halb gefüllten Blüten von sattem Karminrot und angenehmem Duft schmückt einen stark wüchsigen buschigen Strauch. Das schöne Laub ist dunkelgrün und überzieht üppig die dornigen, kräftigen Triebe.

Verwendung: Diese Sorte eignet sich ideal für Hecken – wie im Übrigen alle Rugosa-Rosen. Mit ihrer harmonischen Wuchsform bietet sie sich zusätzlich – und das besser als viele andere – als Solitärstrauch auf einer Rasenfläche an.

- **Höhe:** 150 cm
- **Breite:** 150 cm
- **Blüte:** erste Blüte im Juni, mehr oder weniger nachblühend im Herbst
- **Schnitt:** leichter Rückschnitt nach dem Winter

Gelbe Rosen

›Buff Beauty‹

Moschata-Hybride. Bentall, Großbritannien 1939

Beschreibung: Die Blüten dieser Sorte sind von hellem Bernsteingelb bis Apricot und erscheinen in stark duftenden Büscheln. Schon damit hat diese Rose einen besonderen Platz in unseren Gärten verdient. Eine zusätzliche Qualität ist ihre ausgezeichnete Widerstandsfähigkeit gegen Krankheiten. Die geschmeidige und ausladende Wuchsform empfiehlt ›Buff Beauty‹ für natürliche Gartenkulissen.

Verwendung: Dieser sehr gefällige Rosenstrauch ist vielseitig verwendbar. Er kann Hecken bilden, bewährt sich in Einzelstellung oder schmiegt sich an eine Mauer. Allerdings beansprucht er genügend Raum, um sich voll entfalten zu können.

- **Höhe:** 150 cm
- **Breite:** 150 cm
- **Blüte:** dauerblühend von Sommer bis Herbst
- **Schnitt:** Rückschnitt nach dem Winter

›Leverkusen‹

Moderne Rose. Kordes, Deutschland 1954

Beschreibung: Schön und robust wie sie ist, treibt diese Kletterrose eine Vielzahl an hellgelben, halb gefüllten Blüten aus, die ein zartes Zitronenaroma verströmen. Zusätzlich bietet diese blühfreudige Rose auch noch ein schönes, tief gezähntes Laub von leuchtendem Grün und ist kräftig und sehr gesund – Qualitäten, durch die sich diese Rose wärmstens empfiehlt.

Verwendung: Die frische Farbe dieser Rose leuchtet besonders schön an Rankgerüsten, Pergolen und Mauern. Sie lässt sich jedoch durchaus auch als Strauch ziehen.

- **Höhe:** 300 cm
- **Breite:** 250 cm
- **Blüte:** mehr oder weniger dauerblühend
- **Schnitt:** normaler Rückschnitt nach dem Winter

›Friesia‹, auch ›Fresia‹ oder ›Sunsprite‹

Floribunda-Rose. Kordes, Deutschland 1977

Beschreibung: Der Züchtername Kordes ist im Allgemeinen ein Garant für zuverlässige Rosen von perfekter Konstitution. ›Friesia‹ bietet wunderschöne Blüten, die sich aus kugeligen Knospen zu schalenförmigen, gefüllten Blüten von lebhaftem, reinem Gelb öffnen. Diese stark duftende Rose wächst als kompakter Busch mit einem satt glänzenden hellgrünen Laub.

Verwendung: Diese unkomplizierte Rose sollte man ausschließlich in Rabatten oder Beeten verwenden. Gleichzeitig ist sie eine ideale Schnittrose: Ihre vollkommene Form und ihre Farbintensität empfehlen sich für Sträuße.

- **Höhe:** 75 cm
- **Breite:** 60 cm
- **Blüte:** dauerblühend
- **Schnitt:** normaler Rückschnitt nach dem Winter

›Graham Thomas‹

Englische Rose. David Austin, Großbritannien 1983

Beschreibung: David Austin, der Züchter dieser aufrecht wachsenden Rose, kann auf seine Kreation zu Recht stolz sein. Sie hat bereits zahlreiche Auszeichnungen erhalten. Es ist eine Rose, die alle Rosenfreunde durch die schöne Schalenform ihrer Blüten, ihr sattes Gelb und ihren Duft besticht, der an Veilchen erinnert. Hinzu kommt ein kräftiger, dichter Wuchs und hellgrünes, wunderschönes Laub.

Verwendung: Drei Stöcke dieser Rose im Dreieck in der Mitte eines Beetes setzen einen wirkungsvollen Akzent. Ebenso lässt sie sich als kleine Rankrose ziehen. Romantisch wirkt ihre üppige Blüte als Überwurf an einer Säule.

- **Höhe:** 120cm
- **Breite:** 120 cm
- **Blüte:** dauerblühend
- **Schnitt:** Rückschnitt nach dem Winter

›Gloria Dei‹, auch ›Mme A. Meilland‹, ›Peace‹ oder ›Gioia‹

Teehybride. Meilland, Frankreich 1945

Beschreibung: Sie ist vermutlich die bekannteste und am weitesten verbreitete Buschrose überhaupt. Ihre Blüten sind groß und gefüllt. Ihre Farbe changiert von gelb bis rosé, ja sogar rot, je nach Bodenbeschaffenheit und Klima. Eine Blüte dieser Rose, in England ›Peace‹ getauft, wurde anlässlich der Gründungsversammlung der Vereinten Nationen 1945 in San Francisco allen 49 Delegationen überreicht. Seither hat sich ihr einzigartiger Siegeszug in aller Welt fortgesetzt. Verwundern kann das kaum, denn abgesehen von der herrlichen Blütenpracht besitzt diese Rose einen feinen Duft und ein glänzendes, überaus gesundes Laub.

Verwendung: in Rosenbeeten und in niedrigen Hecken.

- **Höhe:** 100 cm (es gibt sie auch als Kletterrose bis zu einer Höhe von 300 cm und als Hochstamm)
- **Breite:** 90 cm
- **Blüte:** dauerblühend
- **Schnitt:** normaler Rückschnitt nach dem Winter

›Golden Wings‹

Moderne Rose. Shepherd, USA 1953

Beschreibung: Dieser wahrhaft schöne Strauch hat wunderbar einfache Blüten von sattem Goldgelb und einen lieblichen Duft mit auffällig langen, goldbraunen Staubfäden in der Mitte. Gesundes, glänzendes Laub schmückt die aufrechten Triebe.

Verwendung: In Einzelstellung präsentiert sich diese Rose von ihrer besten Seite. Man sollte stets drei Stöcke in Dreiecksformation mit einem Zwischenraum von jeweils 60 cm pflanzen. In Hecken passt sie besonders gut zu goldblättrigen Gehölzen, wie zum Beispiel gewissen Holundersorten (*Sambucus racemosa* ›Plumosa Aurea‹).

- **Höhe:** 120 cm
- **Breite:** 120 cm
- **Blüte:** dauerblühend
- **Schnitt:** Rückschnitt um ein Drittel der Trieblänge nach dem Winter

Rosa banksiae ›Lutea‹, auch ›Lady Banks Rose‹ oder ›Yellow Banksia‹

China. Nach Europa eingeführt ca. 1824

Beschreibung: Die ziemlich empfindliche und nicht ausschließlich winterharte Rose braucht einen geschützten, sonnigen Platz. Hat sie sich jedoch erst einmal eingewöhnt, entzücken ihre kaskadenartig herabfallenden, gefüllten Blütenbüschel von blassgelber Farbe die Freunde von Wildrosen. In China kommt sie überall natürlich vor. Ihre Wuchsform ist durch die langen, gebogenen und fast dornlosen Triebe nach außen überhängend.

Verwendung: Diese Kletterrose gedeiht nur an einer soliden Stütze und an einem geschützten Platz, wo sie keinen abrupten Temperaturschwankungen ausgesetzt ist. Ihre Triebe sind sehr vital.

- **Höhe:** 600 cm
- **Breite:** 300 cm
- **Blüte:** einmal blühend
- **Schnitt:** Der Schnitt beschränkt sich auf das Entfernen von totem Holz nach der Blüte

›Gloire de Dijon‹

Teerose. Jacotot, Frankreich 1853

Beschreibung: Beginnen wir mit ihren Qualitäten: große, zauberhaft runde Blüten, in der Mitte geviertelt von herrlichem Bernsteingelb bis ins Apricot changierend mit betörendem Duft. Ihre Blüte erscheint früh und außerordentlich üppig, was ihren guten Ruf begründet hat und die Ursache für ihre häufige Verwendung in »alten« Gärten ist. Leider besitzt diese Sorte eine Anfälligkeit für Sternrußtau und neigt dazu, im unteren Bereich zu verkahlen. Da man gegen diese beiden Schwächen Abhilfe schaffen kann (pflanzen Sie zum Beispiel eine Clematis darunter), empfehlen wir diese schöne Rose weiterhin wärmstens.

Verwendung: Gedeiht an Rankhilfen, Pergolen und alten Mauern.

- **Höhe:** 350 cm
- **Breite:** 250 cm
- **Blüte:** öfter blühend
- **Schnitt:** normaler Rückschnitt nach dem Winter

Rosen für den ländlichen Garten

Nachfolgend konzentrieren wir uns auf unkomplizierte Sorten
mit natürlichem Erscheinungsbild, die sich so harmonisch
in Gartenbilder mit Weißdorn und Flieder fügen.

Für ihre nicht selten kurzlebige Blüte
entschädigen sie uns mit ihrer Schönheit.

Strauchrosen

›Marguerite Hilling‹

Moyesii-Hybride. Hilling, Großbritannien 1959

Beschreibung: ›M. Hilling‹ ist eine erstaunliche »Züchtung«, die man als »Sport« bezeichnet: eine genetische Mutation, die auf ein und derselben Pflanze stattfindet, die also nicht durch normale geschlechtliche Vermehrung geschehen ist. ›Nevada‹ und ›M. Hilling‹ gleichen sich wie ein Haar dem anderen, abgesehen von der Blütenfarbe, die hier nicht weiß, sondern beinahe intensiv rosa ist.
Mit ihrer Vorliebe für karge Böden und ihrer Abneigung gegen jeden Schnitt behagt diese Strauchrose wie ihre Verwandte ›Nevada‹ besonders gärtnerischen Anfängern, die beträchtlichen Gartenraum, aber wenig Zeit haben.

Verwendung: Wie die ›Nevada‹ ist diese Rose ideal für Einzelstellungen, in Hecken oder im lockeren Unterstand von Bäumen.

- **Höhe:** 250 cm
- **Breite:** 200 cm
- **Blüte:** öfter blühend
- **Schnitt:** kein Schnitt; Entfernen von totem Holz, wenn nötig

›Archiduc Joseph‹

Teerose. Nabonnand, Frankreich 1872

Beschreibung: Teerosen gelten im Allgemeinen als empfindlich. Diese Sorte jedoch empfiehlt sich durch Robustheit und erstaunliche Vitalität. Die Blüten sind dicht gefüllt, die Blütenblätter von dominantem Rosa changieren je nach Situation und Bodenbeschaffenheit in Pfirsichfarben, Purpur oder ins Orange. Ihr Duft ist von gleich bleibend betörender Zartheit. Die Triebe mit ihrem glänzenden, dunkelgrünen Laub sind fast dornenlos.

Verwendung: Dieser wenig ausladende Strauch eignet sich für gemischte Beete oder Rosenbeete.

- **Höhe:** 120 cm
- **Breite:** 100 cm
- **Blüte:** dauerblühend
- **Schnitt:** vorsichtiger Rückschnitt nach dem Winter; zu starke Eingriffe vermindern die Blühfreudigkeit

›Alchemist‹, auch ›Alchymist‹

Moderne Rose. Kordes, Deutschland 1956

Beschreibung: Meist als Kletterrose verwendet, lässt sie sich auch als Strauchrose ziehen. Ihre großen, dicht gefüllten Blüten erinnern stark an alte Rosen. Ihre Färbung ist von bezauberndem Gelb-Orange, und ihr Duft verführerisch. Bedauerlicherweise findet sich diese Sorte viel zu selten in unseren Gärten. Das olivgrüne Laub passt ausgezeichnet zum Apricot-Ton der Blüten, die sich schon sehr früh in der Saison öffnen. Sie besitzt eine gute Resistenz gegen Krankheiten.

Verwendung: Diese bezaubernde Rose lässt sich sowohl in Einzelstellung, als Mauerüberwurf, an Rosenbögen oder Säulen verwenden.

- **Höhe:** 350 cm
- **Breite:** 250 cm
- **Blüte:** einmal blühend
- **Schnitt:** Rückschnitt nach dem Winter

›Joséphine de Beauharnais‹

Remontant-Rose. Guillot Fils, Frankreich 1865

Beschreibung: Kaiserin Joséphine war eine passionierte Rosenliebhaberin, und dieses Exemplar ist eine bezaubernde Hommage an ihre Namensgeberin. Ihre großen, gefüllten Blüten sind von silbrig schimmerndem Rosa und durchscheinender Zartheit. Sie entfalten sich gleichmäßig um eine blassgrüne Mitte. Das Laub, hellgrün und gesund, umgibt biegsame Triebe mit feinen Dornen.

Verwendung: Die bestechende Frische dieser Rose macht sie zu einer Favoritin für ländliche Hecken – auch in Gesellschaft mit weißen oder dunkelroten Rosen. Als einzelstehende Rose ist sie ebenso prächtig.

- **Höhe:** 200 cm
- **Breite:** 120 cm
- **Blüte:** mehrfach blühend
- **Schnitt:** vorsichtiger Rückschnitt nach der Blüte

›Sourire d'Orchidée‹

Moderne Rose. Croix, Frankreich 1985

Beschreibung: Die großen Büschel halb gefüllter Blüten dieser Sorte sollten auch den Skeptiker überzeugen. Ihr perlmutt schimmerndes Rosa wandelt sich beim Verblühen in Weiß. Die Knospen sind von strahlendem Bonbon-Rosa, das über glänzendem, sattgrünem Laub weithin leuchtet.

Verwendung: Eine ausladend wachsende, biegsame Strauchrose, die sich hervorragend in Einzelstellung eignet, da sie den ganzen Sommer über immer wieder neu aufblüht. Allerdings lässt sie sich durchaus auch als Kletterrose ziehen und kann dabei gut eine Höhe von vier Metern erreichen.

- **Höhe:** 180 cm als Strauchrose
- **Breite:** 150 cm
- **Blüte:** dauerblühend
- **Schnitt:** normaler Rückschnitt nach dem Winter

›Pleine de Grâce‹

Moderne Strauchrose. Lens, Belgien 1983

Beschreibung: Eine Rose, die meist als Kletterrose gezogen wird, jedoch noch spektakulärer als Strauchrose wirkt. Ihre ausladenden, überhängenden Zweige von bis zu zwei Metern Länge tragen zahllose ungefüllte, reinweiße Blüten, mit langen, grazilen Staubfäden in ihrer Mitte. Stark duftend, erscheinen diese über einem gelblich schimmernden, hellgrünen Laub. Ist schon die Blüte zu Beginn des Sommers einzigartig, so sind ihre hübschen, beinahe kugelrunden Hagebutten, die entsprechend der jeweiligen Region ungefähr gegen Ende August reifen, eine weitere Attraktion dieser Sorte.

Verwendung: Als solitärer Strauch, in frei wachsenden Hecken, Mischbeeten oder als Kletterrose an alten Bäumen oder über einer Pergola, usw.

- **Höhe:** 250 cm (4 bis 6 m als Kletterrose)
- **Breite:** 400 cm
- **Blüte:** einmal blühend
- **Schnitt:** Rückschnitt unnötig; wenn überhaupt Eingriffe, dann Entfernen von totem Holz

›Nevada‹

Moyesii-Hybride. Dot, Spanien 1927

›Cerise Bouquet‹

Multibracteata-Hybride. Kordes, Deutschland 1958

Beschreibung: Eine Rose zu finden, die so edel, gefällig und wenig anspruchsvoll ist wie diese, dürfte schwierig sein ... Dieser starkwüchsige, dichte Strauch entwickelt lange, gebogene Zweige, die sich unter der Last ihrer Blüten immer tiefer dem Boden zuneigen. An beinahe dornenlosen Trieben von schöner braunroter Färbung reihen sich nämlich große Blüten von einem zart-gelb getönten Weiß im Überfluss, die sich schubweise über den ganzen Sommer hinweg entfalten. Im Herbst folgt eine neue, üppige Blüte nach. Der Duft ist leicht und angenehm, das Laub ist kräftig und hellgrün.

Verwendung: In Einzelstellung, in Hecken oder im lichten Unterstand von Bäumen ist diese Rose stets bestens geeignet.

- **Höhe:** 250 cm
- **Breite:** 200 cm
- **Blüte:** öfter blühend
- **Schnitt:** keine weiteren Eingriffe; Entfernen von totem Holz, falls nötig

Beschreibung: Dies ist eine völlig unkomplizierte Rose, von der in jedem großen Garten mindestens ein Exemplar wachsen sollte. Allerdings müsste es schon ein einigermaßen weitläufiger Garten sein, da diese Strauchrose ausgesprochen wuchsfreudig ist und problemlos in Höhe und Breite gut 350 cm erreichen kann. Das Erscheinungsbild ihrer überhängenden, sehr stacheligen Zweige mit der reichen Blütenpracht ist überall eine Sensation. Die Blüten sind halb gefüllt, kirschrot und duften herrlich nach Himbeeren. Die Tatsache, dass diese Rose der Extraklasse mit ihrem dichten, gräulich-grünem Laub nur einmal blüht, sollte kein Hinderungsgrund sein.

Verwendung: Eine Rose, die perfekt als solitärer Strauch oder in gemischten Rabatten wirkt. Sie lässt sich ebenfalls als Kletterrose ziehen.

- **Höhe:** 350 cm
- **Breite:** 350 cm
- **Blüte:** einmal blühend
- **Schnitt:** Säubern des Strauchs nach der Blüte ist ausreichend

›Felicia‹

Moschata-Hybride. Pemberton, Großbritannien 1928

Beschreibung: Seit alte Rosen wieder in Mode gekommen sind, wurde auch diese wunderschöne Strauchrose wieder entdeckt. Sie hat schalenförmige, mittelgroße Blüten von intensivem Rosa mit lachsfarbenem Hauch. Ihre Blütenbüschel zeigen sich den ganzen Sommer über und strömen einen würzigen Duft aus. Ihr tiefgrünes Laub ist gesund und bringt die Farbenfrische der Blütenblätter erst richtig zur Geltung.

Verwendung: Diese Rose wirkt in Einzelstellung auf einer Rasenfläche ausgesprochen dekorativ. Gleichermaßen eignet sie sich für Hecken und als Schnittblume.

- **Höhe:** 150 m
- **Breite:** 120 m
- **Blüte:** dauerblühend
- **Schnitt:** ein sanfter Rückschnitt nach dem Winter fördert das Volumen dieser Rose, möchte man sie klein halten, sollte man einen intensiveren Formschnitt anwenden

›Salet‹

Moosrose. Lacharme, Frankreich 1854

Beschreibung: Diese vielseitige Moosrose verzaubert die Freunde alter Rosen schon seit langem, denn sie blüht fast ununterbrochen vom Frühjahr bis in den Herbst. Ihre Blüten sind groß, schwer und von einem Rosa, das gegen Ende der Blütezeit nachdunkelt. Ihr schwerer Duft empfiehlt sie auch als Duftrose. Die Wuchsform ihres Strauches ist locker und weich, ihr Laub leuchtend grün.

Verwendung: Eine herrliche Rose für gemischte Beete vor allem in Kombination mit Stauden wie Astrantien, Skabiosen und Akeleien in weichen Farbtönen. Ebenso gut lässt sie sich in Töpfen ziehen.

- **Höhe:** 120 cm
- **Breite:** 100 cm
- **Blüte:** öfter blühend
- **Schnitt:** normaler Rückschnitt nach dem Winter

›Ballerina‹

Moschata-Hybride. Bentall, Großbritannien 1937

Beschreibung: Der Anblick dieser charmanten Rose ist erfrischend wie ein Frühlingsmorgen. Ihr Wuchs ist aufrecht, und ihre Triebe verzweigen sich an den Enden in große Dolden ungefüllter, rosafarbener, in ihrer Mitte fast ins Weiß übergehender Blüten. Es handelt sich um eine sehr verlässliche, vielseitig verwendbare Rose. Ihre zartduftenden Blütenstände erinnern an Hortensien. Über einem glänzenden, gesunden Laub erscheinen im Herbst orangefarbene Früchte.

Verwendung: ›Ballerina‹ ist vielseitig verwendbar, unter anderem auch als Topfpflanze. Sie gedeiht sogar im Halbschatten.

- **Höhe:** 120 cm
- **Breite:** 120 cm
- **Blüte:** dauerblühend
- **Schnitt:** Rückschnitt nach dem Winter

›Heritage‹

Englische Rose. David Austin, Großbritannien 1984

Beschreibung: Wieder eine englische Rose, deren Ruhm weit über die Grenzen Großbritanniens hinausgeht. Ihre mittelgroßen, offen schalenförmigen Blüten sind in ihrer Mitte von einem hellen Rosa, das zum Rand hin verblasst. Ihr Duft ist leicht fruchtig, mit einem Ton nach Nelken, Honig und Myrrhe. Diese sehr robuste, buschig wachsende Strauchrose bildet gesundes Laub aus, das gegen Krankheiten resistent ist.

Verwendung: Eine Pflanzung in Dreier- oder Fünfergruppen inmitten eines gemischten Blumenbeetes garantiert eine ausgezeichnete Wirkung. Unter Flieder, neben einem Tuff Pfingstrosen, macht sich diese Rose besonders charmant.

- **Höhe:** 120 cm
- **Breite:** 120 cm
- **Blüte:** dauerblühend
- **Schnitt:** Einkürzen sämtlicher Zweige um ein Drittel nach dem Winter

Kletter- und Rankrosen

›New Dawn‹

Wichuraiana-Hybride. Somerset Nursery, USA 1930

Beschreibung: Eine perfekte, wenig anspruchsvolle Rose mit gefüllten Blüten von einem sehr eleganten, perlmutt schimmernden Rosa. Ihre pausbackigen Knospen entfalten sich über üppigem, leuchtend dunkelgrünem Laub. Ihr Duft ist leicht und doch sehr gegenwärtig. Der Vorzug dieser Rose im Vergleich zu anderen aus dieser Familie ist ihre lange Blütezeit. Sie reicht über den gesamten Sommer bis in den Herbst.

Verwendung: Mauern, Pergolen und Zäune dienen dieser Rose als Stütze. Im Übrigen gedeiht sie auch an Nordseiten.

- **Höhe:** 500 cm
- **Breite:** 300 cm
- **Blüte:** mehr oder weniger dauerblühend
- **Schnitt:** normaler Rückschnitt nach dem Winter

›Pierre de Ronsard‹, auch ›Eden Rose 85‹

Moderne Kletterrose (Romantikrose). Meilland 1986

Beschreibung: Eine Rose, die kaum zu übergehen ist, seit sie bei den meisten unserer Gärtnereien zusammen mit einjährigen Pflanzen für Balkone verkauft wird. Sie erinnert an alte Rosen, ist jedoch robust wie die Teehybriden. Ihre rundlichen Blüten sind zartrosa bis weiß. In einigen Katalogen werden sie als duftend geführt, was ich nicht bestätigen kann. Am häufigsten als Kletterrose gezogen, ist ›Pierre de Ronsard‹ auch eine vitale Strauchrose. Ihr Laub ist gesund und glänzend. Bei Sternruß sofort behandeln.

Verwendung: Eignet sich zum Überwurf über Mauern und Zäune, aber durchaus auch in Einzelstellung als Strauch.

- **Höhe:** 250 cm
- **Breite:** 150 cm
- **Blüte:** dauerblühend
- **Schnitt:** normaler Rückschnitt nach dem Winter

›Ghislaine de Féligonde‹

Multiflora-Hybride. Turbat, Frankreich 1916

›Aimée Vibert‹, auch ›Bouquet de la Mariée‹ und ›Nivea‹

Noisette-Rose. Vibert, Frankreich 1828

Beschreibung: Diese wunderbare Rose sollte in unseren Gärten viel öfter vertreten sein. Der Charme ihrer sich in zahlreichen Büscheln entfaltenden, gefüllten und duftenden Blüten ist einmalig. Das Rosa und Apricot ihrer Blütenblätter geht später in Gelb und schließlich in Cremeweiß über. Ihre Blüte ist reich und lang anhaltend, das Laub satt glänzend, die Triebe sind wohlgeformt und beinahe dornenlos. Wie bei allen Rosen dieses Farbspektrums, empfiehlt sich ein leicht beschatteter Standort, um jeweils den intensivsten Farbton zu begünstigen.

Verwendung: Pylone, alte Mauern und Bögen geben dieser Rose die Freiheit, sich zu entfalten. Als Strauch lässt sie sich problemlos in eine Hecke integrieren oder in Einzelstellung pflanzen.

- **Höhe:** 250 cm
- **Breite:** 250 cm
- **Blüte:** dauerblühend
- **Schnitt:** normaler Rückschnitt nach dem Winter

Beschreibung: Der zweite Name dieser Rose, der so viel wie ›Brautstrauß‹ bedeutet, kann kaum verwundern. Ihre reinweißen Pompon-Blütenbüschel erscheinen an kräftigen, praktisch dornenlosen Zweigen. Farbliche Frische und zarte Eleganz zeichnen auch die rundlich prallen Knospen aus, die nach der Öffnung duften. Ein herrliches Laub und eine lange Blütezeit machen diese Rose vollkommen.

Verwendung: An Mauern, Pylonen, Säulen oder Bögen. Diese Rose kann ebenfalls als Strauch gezogen werden.

- **Höhe:** 350 cm
- **Breite:** 300 cm
- **Blüte:** öfter blühend
- **Schnitt:** normaler Rückschnitt nach dem Winter

›Clair Matin‹

Moderne Kletterrose. Meilland, Frankreich 1960

Beschreibung: Die großen Blütenbüschel von klarem Rosa mit elfenbeinfarbenem Schimmer entwickeln sich an biegsamen, attraktiv schokoladenbraunen Zweigen. Die korallenrosa Blütenknospen bilden einen guten Kontrast zur Blässe einiger Blütenblätter. Nach üppiger Blüte im Juni folgen während des Sommers vereinzelt immer wieder Blüten nach, um anschließend im September noch einmal ihre volle Pracht zu entfalten. Guter, eleganter Duft.

Verwendung: An Rankgerüsten kann diese kleine Kletterrose über 3 m hoch werden und überdeckt erfolgreich Mauern oder kleinere Bögen. Auch inmitten einer Hecke oder solitär auf einer Rasenfläche ist sie durchaus dekorativ.

- **Höhe:** 250 cm
- **Breite:** 120 cm
- **Blüte:** dauerblühend
- **Schnitt:** Einkürzen der Seitentriebe auf drei Augen nach dem Winter

›Lauré (Laura, Laure) Davoust‹, auch ›Majorie W. Lester‹

Multiflora-Hybride. Laffay, Frankreich 1834

Beschreibung: Eine alte Züchtung, die noch immer in vielen Gartenanlagen vertreten ist, muss genügend Qualitäten besitzen, um der wachsenden Konkurrenz standzuhalten. Dem Reiz ihrer in der Mitte geviertelten Blüten von intensivem Hellrosa, die in Dolden mit romantischem Habitus erblühen, kann kaum jemand widerstehen.

Verwendung: Diese unkomplizierte Kletterrose überwuchert an sonnigen Standorten rasch jedes solide Rankgerüst. Gibt man ihr eine spät blühende Clematis zur Gesellschaft bei, tröstet es darüber hinweg, dass sie nur einmal blüht.

- **Höhe:** 500 cm
- **Breite:** 250 cm
- **Blüte:** einmal blühend
- **Schnitt:** Entfernen von totem Holz ist im Wesentlichen ausreichend

›Albertine‹

Luciae-Hybride. Barbier, Frankreich 1921

Beschreibung: Freunde schöner Duftrosen mit intensiven Farben dürften von dieser alten Rambler begeistert sein. Aus zinnoberroten Knospen entfalten sich hummerrosa Blüten mit goldfarbener Basis, die allmählich zu Zartrosa verblassen. Ihr Duft ist schwer und betörend. Als Kletterrose nahezu perfekt, kann sie ebenso als Strauch gezogen werden. In beiden Fällen gefällt ihr ein Standort im Halbschatten durchaus. Leider ist diese Rose anfällig gegen Mehltau. Sie besitzt ausgesprochen stachelige Triebe und ein üppiges Laub.

Verwendung: Für diese wuchsfreudige, ausladende Rose ist eine solide Stütze unabdingbar.

- **Höhe:** 650 cm
- **Breite:** 350 cm
- **Blüte:** einmal blühend, aber dafür lang anhaltend
- **Schnitt:** Rückschnitt unmittelbar nach der Blüte

›Paul Transon‹

Wichuraiana-Hybride. Barbier, Frankreich 1900

Beschreibung: Diese Rose von erlesenem Apfelduft besitzt eine sehr schöne Färbung. Die Blüten, dicht gefüllt, öffnen sich mit leicht nach außen gebogenen Blütenblättern in elegantem, intensivem Lachston mit kupferfarbenem Schimmer. Sie besitzt ein gesundes, kräftiges Wachstum und hellgrünes, glänzendes Laub.

Verwendung: Die warmen Farbtöne dieser Rose kommen besonders in der Nachbarschaft einer gelben Rose wie z. B. ›Golden Showers‹ zur Geltung. Wie Letztere zieht sie einen halbschattigen Platz vor.

- **Höhe:** 300 cm
- **Breite:** 250 cm
- **Blüte:** öfter blühend
- **Schnitt:** Rückschnitt normal, nach dem Winter

›Crimson Glory‹ Climbing

Teehybride. Kletterform. Jackson-Perkin, USA 1946

Beschreibung: Diese Rose gehört zu meinen Kindheitserinnerungen wie kaum eine andere Pflanze. Sie überdeckte mit ihren übergroßen, tiefroten mit einem Purpurhauch überzogenen, samtigen, gezahnten Blütenblättern unsere Hausfassade. Diese vitale Kletterrose von kräftigem Wuchs rankt gern an einer soliden Stütze. In meiner Erinnerung ist ihr ausgeprägter, starker Duft eine Mischung aus Jasmin und Zitrone. In jedem Fall ist er außergewöhnlich. Nicht zu verwechseln mit der gleichnamigen nichtkletternden Form von Kordes, Deutschland 1935.

Verwendung: An Mauern, Rankgerüsten und Pergolen.

- **Höhe:** 400 cm
- **Breite:** 250 cm
- **Blüte:** dauerblühend
- **Schnitt:** Rückschnitt normal, nach dem Winter

›Bleu Magenta‹

Multiflora-Hybride. Ca. 1900

Beschreibung: Die Blüten dieses Multiflora-Ramblers entfalten sich als zarte Blütenbüschel in tiefem Purpurrot an dornenlosen Zweigen mit dunkelgrünem Laub. Die hübsch nach innen gerollten Blütenblätter umgeben die gelben Staubgefäße in der Mitte wie eine Krone. Diese Rankrose blüht zwar nur einmal, dafür jedoch anhaltend.

Verwendung: Mit ihrem ausgesprochen wuchsfreudigen Habitus eignet sie sich perfekt zum schnellen Überwurf über die unterschiedlichsten Rankgerüste. Letztere sollten allerdings solide genug sein, um dem Gewicht dieser Rose standzuhalten. Halbschattige Situationen sind ihr zumindest nicht unangenehm.

- **Höhe:** 400 cm
- **Breite:** 350 cm
- **Blüte:** einmal blühend
- **Schnitt:** Rückschnitte sind nicht zwingend

›Grand-mère Jenny‹, auch Climbing ›Grand-mère Jenny‹

Teehybride. Meilland, Frankreich 1958

Beschreibung: Für diejenigen, die auf diesen Seiten eine eindeutige Bevorzugung der Farbe Rosa monieren, flechte ich hier eine Rose von frühlingshaftem, zu Apricot neigendem Gelb mit einer Andeutung (aber nur einer Andeutung) rosafarbener Streifen ein. Die Blüte ist von beachtlicher Größe und gutem Duft und zählt nicht weniger als 30 Blütenblätter. Das Laub ist gesund, die Zweige sind kräftig, und die Pflanze an sich zeigt eine gute Krankheitsresistenz. Alles in allem eine perfekte Rose, um Farbeffekte in einem Garten zu erzielen. Nicht zu verwechseln mit der gleichnamigen Buschform von Meilland 1950.

Verwendung: Diese Rose schmückt sowohl Mauern und Pylonen als auch Säulen.

- **Höhe:** 500 cm
- **Breite:** 300 cm
- **Blüte:** mehrfach blühend
- **Schnitt:** Rückschnitt normal und nach dem Winter

›Easley's Golden Rambler‹

Wichuraiana-Hybride. Easley, Großbritannien 1932

Beschreibung: Diese Rose ist eine der besten gelben Kletterrosen. Ihre intensivfarbenen Blüten werden von kräftigen Zweigen mit rötlich getönten Dornen getragen. Der Duft ihrer gefüllten Blüten ist ungewöhnlich, aber durchaus angenehm.

Verwendung: Weder karger Boden noch Schatten können die Wuchsfreudigkeit dieser Rose bremsen. In einem alten Baum wirken ihre hellen Blütenkaskaden besonders attraktiv.

- **Höhe:** 500 cm
- **Breite:** 450 cm
- **Blüte:** einmal blühend
- **Schnitt:** als Pflege sollte man sich auf das Entfernen toten Holzes beschränken

›Neige d'Avril‹

Multiflora-Hybride. Robichon, Frankreich 1908

Beschreibung: Der Name ist hier Verpflichtung. Wir haben es mit einer Rose von klarem, frischem Weiß zu tun, die Erinnerungen an einen Obstgarten zur Zeit der Apfelblüte wachruft. Sie ist ausgesprochen früh blühend. Ende April/Anfang Mai entfalten sich über einem prachtvollen Laub ihre halb gefüllten Blüten, deren jungfräuliches Weiß den Auftakt der Rosensaison markiert und uns von da an mindestens drei Monate erfreut. Die Blüten strömen einen erstaunlichen Apfelduft aus und bilden im Herbst rote, leicht orange getönte Hagebutten aus.

Verwendung: Machen Sie sich die frühe Blüte dieser Rose zunutze, indem Sie sie mit später blühenden Sorten mischen, und Ihre Blütensaison ist lang und perfekt. Auf diese Weise schaffen Sie ein variantenreiches und dauerhaftes Gartenbild.

- **Höhe:** 600 cm
- **Breite:** 400 cm
- **Blüte:** einmal blühend
- **Schnitt:** Rückschnitt nicht erforderlich

›American Pillar‹

Wichuraiana-Hybride. Van Fleet, USA 1902

Beschreibung: Die Vitalität dieser Rose ist sprichwörtlich. Ihre büschelig wachsenden einfachen, karminrosa Blüten mit weißer Mitte bleiben in keinem Garten unbeachtet. Zeitweise gehörte sie ganz wie die unvermeidliche ›Queen Elizabeth‹ (die ich mich in diese Auslese *nicht* aufzunehmen zwingen musste!) in den Garten jedes trendbewussten Gärtners.

Verwendung: Ihre großen, dornenreichen Zweige und ihr glänzendes Laub eignen sich perfekt als Schmuck für die unterschiedlichsten Rankhilfen. Selbst karge Böden können ihr nichts anhaben. Sie zeigt sich stets von ihrer besten Seite.

- **Höhe:** 500 cm
- **Breite:** 400 cm
- **Blüte:** einmal blühend im Juni
- **Schnitt:** Rückschnitt nach der Blüte

›Bobbie James‹

Multiflora-Hybride. Sunningdale Nurseries, Großbritannien 1961

Beschreibung: Die Wuchsfreudigkeit dieser Rose ist ein Phänomen. Sie klettert mit ihren kräftigen, sehr stacheligen Zweigen auch in die höchsten Bäume. Im Sommer entfaltet sie Wolken an blendend weißen, büschelig wachsenden, leicht gefüllten, duftenden Blüten. Ihr Laub ist üppig, sattgrün und gesund.

Verwendung: Aufgrund der Wuchshöhe, die diese Rose erreichen kann, sollte man sie nur an ganz soliden Rankhilfen ziehen. Ein alter Obstbaum ist dafür ideal, vorausgesetzt, er ist hoch genug und sein Stamm gesund. Auch in der Mitte einer Hecke gezogen, bildet diese in kürzester Zeit eine undurchdringliche Barrikade.

- **Höhe:** 900 cm
- **Breite:** 600 cm
- **Blüte:** einmal blühend
- **Schnitt:** Rückschnitt unnötig

›Mermaid‹

Bracteata-Hybride. Paul, Großbritannien 1919

Beschreibung: Liebhaber von ausschließlich gefüllten Rosen bitte ich jetzt eine Ausnahme zu machen! Die Blüten dieser Kletterrose sind von der raffinierten Einfachheit einer Wildrose, ihre goldgelben Staubfäden ein Blickfang. Ihre zahlreichen blass- bis goldgelben Blüten treibt sie bis zum ersten Frost immer wieder aus. Die dunkelbraunen, sehr stacheligen Zweige und das dunkelgrüne Laub bilden den perfekten Rahmen.

Verwendung: Fragiler als andere Rankrosen, braucht sie Sonne und eine schützende Mauer oder ein mildes Klima, um sich erfolgreich zu entwickeln. Sie wächst verhältnismäßig langsam, doch die Geduld wird belohnt. Sie gehört zu den schönsten ihrer Klasse.

- **Höhe:** 750 cm
- **Breite:** 500 cm
- **Blüte:** dauerblühend
- **Schnitt:** Rückschnitt nicht nötig

›Toby Tristam‹

Multiflora-Hybride. Mrs. Targett, Großbritannien ca. 1970

Beschreibung: Eine weitere wunderschöne Sorte, die Rosenzüchter stets empfehlen. Jeweils gut 50 ihrer cremefarbenen, ungefüllten Blüten öffnen sich in einem Büschel am Ende eines einzigen Zweigs. Auch ihr Wuchs ist auffallend kompakt und ausladend. Und als genügten all diese Qualitäten noch nicht, entwickelt diese Rose im Herbst Unmengen von kleinen Hagebutten: eine Augenweide und ein Glücksfall für die Vögel.

Verwendung: Diese Rose braucht eine solide Stütze. Die Tatsache, dass sie im Herbst ebenfalls eine Attraktion ist, sollte ihr einen guten Platz im Garten garantieren. Für eine perfekte Kulisse gibt man ihr eine alte Rose zur Seite, deren Fuß eine Mischung aus blauen und rosafarbenen Stauden und Blütensträuchern schmückt.

- **Höhe:** 800 cm
- **Breite:** 500 cm
- **Blüte:** einmal blühend
- **Schnitt:** Rückschnitt unnötig

›Sir Cedric Morris‹

Glauca-Hybride. Morris/Beales, Großbritannien 1979

Beschreibung: Als *R. glauca*-Sämling besitzt diese Rose auch schöne dunkelgrüne, bläulich überhauchte Blätter, deren Farbe allerdings weniger intensiv ist als die des Elternteils. Über diesem hübschen Laub erscheinen in regelmäßigen Abständen weiße, angenehm duftende Blütenbüschel. Sie blüht zwar nur einmal, bildet jedoch bezaubernde, fast orangefarbene Hagebutten aus, die sich im Herbst in den Bäumen sehr attraktiv ausnehmen.

Verwendung: Diese bei Rosenfreunden sehr beliebte Scramblerrose gibt sich auch mit einem Platz im Halbschatten zufrieden. Wie alle großen und üppigen Kletterrosen braucht auch sie eine gute Stütze. Sie passt perfekt in eine ländliche Kulisse.

- **Höhe:** 900 cm
- **Breite:** 600 cm
- **Blüte:** einmal blühend
- **Schnitt:** Rückschnitt nicht erforderlich

›Paul's Himalayan Musk‹

Moschata-Hybride. Paul, Großbritannien 1916

Beschreibung: Auf diese äußerst wüchsige Rose, deren einmalige sommerliche Blüte so reich und schön ist, möchte ich bei meiner Aufzählung nicht verzichten. Ihre dicht gedrängt in Büscheln stehenden, rosettenförmigen Blüten sind von einem bezaubernden, lila überhauchten Rosa mit weißen Glanzlichtern. Sie entwickeln sich an leicht überhängenden Zweigen, was ihren Charme noch erhöht. Gut duftend, stehen sie inmitten ihres kupfern getönten, dunkelgrünen Laubs. Ihre weichen Zweige klettern mit Leichtigkeit in Bäume.

Verwendung: Diese Rose bringt auch einen toten Baum alljährlich neu zur Blüte. Auch eine Pergola, ja sogar eine frei wachsende Hecke wird diese Rose Schritt um Schritt erobern. Achten Sie jedoch in jedem Fall darauf, dass die Stütze solide ist.

- **Höhe:** 700 cm
- **Breite:** 350 cm
- **Blüte:** einmal blühend
- **Schnitt:** Rückschnitt unnötig

›Seagull‹

Multiflora-Hybride. Pritchard, Großbritannien 1907

Beschreibung: Eine sehr gefällige und gut duftende Rose mit kleinen, ungefüllten, büschelwüchsigen Blüten, aus deren Mitte goldgelbe Staubfäden ragen. Sie blüht zwar nur einmal, dafür jedoch anhaltend. Im Herbst schmückt sie sich erneut, diesmal mit unzähligen kleinen, rot glänzenden Hagebutten.

Verwendung: Diese Kletterrose ist vielfach verwendbar. Ein Baum stellt natürlich eine ideale Rankhilfe für ihre kräftig schlingenden Zweige dar. Aber auch eine hohe Mauer, selbst in Nordlage, belebt sich während der Blüte und später dank der Hagebutten. Selbst karge Böden vermögen dieser Rose nichts anzuhaben.

- **Höhe:** 750 cm
- **Breite:** 450 cm
- **Blüte:** einmal blühend
- **Schnitt:** Rückschnitt nicht erforderlich

Einmal blühende Rosen

›Fantin-Latour‹

Alte Rose. Zentifolie. Herkunft und Abstammung unklar

Beschreibung: Eine Maler-Rose, so viel ist sicher. Kaum jemand, geschweige denn ein Künstler, kann dem Anmut ihrer dunkelrosa Knospen und den stark gefüllten Blüten widerstehen, die beim Aufblühen zu zartem Rosa verblassen. Die in der voll erblühten Rose sichtbare grüne Mitte ist Merkmal der Einzigartigkeit und Klasse dieser Rose. Ihr Duft ist zart und süß.

Verwendung: Das harmonische, ausgewogene Wuchsbild dieser Rose empfiehlt sowohl einen Standort mitten in einer Rasenfläche als auch in einer gemischten Rabatte.

- **Höhe:** 150 cm
- **Breite:** 120 cm
- **Blüte:** einmal blühend
- **Schnitt:** Rückschnitt nach der Blüte zur Erhaltung einer harmonischen Form

›Variegata di Bologna‹

Bourbon-Rose. Bonfiglioli, Italien 1909

Beschreibung: Hellrosa bis karmesinrot marmoriert und gestreift, besitzen die Blütenblätter dieser italienischen Rose eine große Farbintensität. Jede Blüte hat eine halb gefüllte Schalenform und verbreitet einen schweren, fast betäubenden Duft.

Verwendung: Im Allgemeinen als Strauchrose gezogen, kann sie mit ihren graziös überhängenden Blüten auch als Rankrose dienen. Am besten gedeiht sie an geschützten, wenig exponierten Standorten.

- **Höhe:** 180 cm
- **Breite:** 150 cm
- **Blüte:** einmal blühende Rose, die vereinzelt im Herbst nachblüht
- **Schnitt:** Rückschnitt nach dem Winter

›Constance Spry‹

Moderne Rose. Austin, Großbritannien 1961

Beschreibung: Ein Bild von einer Rose! Mit ihrer perfekten, Pfingstrosen vergleichbaren Blütenform macht diese herrliche Rose die Tatsache mehr als wett, dass sie nur einmal blüht. Der üppige Überhang ihrer schweren, purpurrosa Blüten verströmt einen unvergleichlichen Duft nach Myrrhe.

Verwendung: ›Constance Spry‹ lässt sich als Strauch, an einer Kletterpyramide oder einer Mauer ziehen. Zu beachten ist, dass sie auch im Halbschatten gedeiht und leicht wechselfeuchte Böden toleriert.

- **Höhe:** 200 cm
- **Breite:** 150 cm
- **Blüte:** einmal blühend
- **Schnitt:** Rückschnitt nach der Blüte

›Fritz Nobis‹

Moderne Rose. Kordes, Deutschland 1940

Beschreibung: Diese Rose ist ein ausgesprochen schöner Strauch von kompaktem Wuchs, der den gesamten Sommer lang üppig blüht. Ihre großen Blüten sind locker gefüllt und wechseln von Hellrosa bis Lachsrosa. Ihre Knospenform ist spitz und leicht gedreht, ihr Duft erinnert an den von Gewürznelken. Im Herbst sind ihre Zweige übersät von einer Vielzahl orangeroter, glänzender Hagebutten.

Verwendung: Als Kulisse eines Beetes ist diese Rose ein absolutes Highlight. Es ist möglich, in ihrer Mitte eine Clematis ranken zu lassen, die in der Zeit nach der Rosenblüte und vor der Bildung der Hagebutten blüht.

- **Höhe:** 150 cm
- **Breite:** 120 cm
- **Blüte:** einmal blühend
- **Schnitt:** Pflegeschnitt nach der Blüte

›Mme Hardy‹

Damascena-Rose. Hardy, Frankreich 1832

Beschreibung: Kaum eine andere Rose besitzt Blüten von einem schimmernden Weiß wie diese zauberhafte Damascena-Rose. Um eine makellose Mitte mit auffällig grünem Auge falten sich dicht an dicht Blütenblätter kunstvoll nach innen. Der Duft mit feiner Zitronennote ist stark und anhaltend. Das Laub dieses üppig wüchsigen Strauchs ist schön geformt und beim Austrieb beinahe lindgrün.

Verwendung: Diese herrliche Strauchrose eignet sich für die Einzelstellung wie auch in Beeten in Gesellschaft von Stauden und Blütensträuchern. Es ist denkbar, diese Rose mit rosafarbenem Storchschnabel oder einem Tuff Prachtkerzen *(Gaura lindheimeri)* zu unterpflanzen, da sie im unteren Teil lockerwüchsig ist.

- **Höhe:** 150 cm
- **Breite:** 150 cm
- **Blüte:** einmal blühend
- **Schnitt:** Rückschnitt nach der Blüte

›Louis van Tyle‹, auch ›Louis van Till‹

Gallica-Rose. Vor 1846

Beschreibung: Eine Rose mit unwiderstehlich schönen gefüllten Blüten, die sich geviertelt öffnen und deren innere malvenfarbene Blütenblätter nach außen von Rosa fast bis ins Weiß übergehen. Aber nicht nur die Färbung dieser Rose ist ungewöhnlich, sie verfügt auch über einen ausgesprochen exquisiten, reichen Duft.

Verwendung: Als mittelgroße Strauchrose eignet sie sich zur Heckenbildung oder als bestimmendes Stilmittel in einem Beet. Rittersporn und Lilien sind Stauden, die man ihr beigeben sollte.

- **Höhe:** 130 cm
- **Breite:** 120 cm
- **Blüte:** einmal blühend
- **Schnitt:** Rückschnitt unmittelbar nach der Blüte

›Königin von Dänemark‹, auch ›Queen of Denmark‹

Alba-Rose. Booth, Deutschland 1826

Beschreibung: Dieser vitale Strauch mit grau-grünem Laub und stacheligen Zweigen trägt halb gefüllte Blüten, die sich geviertelt in wunderschönem Karminrosa öffnen. Mit ihrem ungewöhnlichen, zugleich schweren und süßen Duft hinterlässt diese Rose einen starken Eindruck.

Verwendung: Diesem Rosenstrauch steht zweifellos ein besonderer Platz im Garten zu. In Gesellschaft mit malvenfarbenem Rittersporn entsteht ein herrliches Bild.

- **Höhe:** 150 cm
- **Breite:** 120 cm
- **Blüte:** einmal blühend
- **Schnitt:** Rückschnitt nach der Blüte

›Jenny Duval‹

Gallica-Rose. 1821

Beschreibung: Die Farbe dieser wunderbar duftenden Rose ist zunächst das Überraschendste. Diese schimmert von mauve bis karminrot und geht kurz vor dem Verblühen ins Purpurviolette über. All diese Farbnuancen wechseln häufig je nach den Kapriolen des Wetters. Mit ihrem weichen, von vitalen Zweigen geprägten Wuchsbild verzaubert sie die Liebhaber ursprünglicher Rosen, die erst die Abweichung von der klassischen Farbe lockt.

Verwendung: Diese Rose ist traumhaft als Begleitung einer Allee oder vor dem Hintergrund einer in Form geschnittenen Eibenhecke. Allerdings gedeiht sie ebenso gut im Topf.

- **Höhe:** 120 cm
- **Breite:** 80 cm
- **Blüte:** einmal blühend
- **Schnitt:** Einkürzen der Seitentriebe unmittelbar nach der Blüte

Heckenrosen

Rosa spinosissima ›Altaica‹ bzw. *Rosa pimpinellifolia* ›Altaica‹

Wildrosen-Hybride. Asien, ca. 1820 eingeführt

Beschreibung: Diese Hybride besitzt alle Merkmale, die ihre Gattung auszeichnen. Sie kommt in zahlreichen Regionen Europas natürlich vor und liebt sandige Böden, auf denen sie sich üppig ausbreitet. Das dunkelbraune Holz dieser Rose bringt ihr hellgrünes, stark gezahntes, farnartiges Laub gut zur Geltung. Ein Nachteil ist ihre kurze Blütezeit (zwischen Mai und Anfang Juni). Selbst mit dieser kleinen Schwäche ist sie als äußerst charmante Gartenrose empfehlenswert.

Verwendung: Ihre sehr stacheligen Zweige machen sie zur idealen Rose für undurchdringliche Hecken an Grundstücksgrenzen. Nach der Blüte bildet sie hübsche, glänzendschwarze Hagebutten aus.

- **Höhe:** 120 cm
- **Breite:** 100 cm
- **Blüte:** einmal blühend
- **Schnitt:** gelegentliches Entfernen von trockenem Holz

›Lady Penzance‹

Rubiginosa-Hybride. Penzance, Großbritannien 1894

Beschreibung: Die seltene Farbe dieser Rose allein schon macht sie interessant. Ihre einfachen Blüten, lachsrosa und kupferfarben überhaucht, haben auffällige gelbe Staubfäden. Diese reizvolle Kombination hat noch keinen Freund ursprünglicher Rosen unberührt gelassen. Eine andere Besonderheit ist der ausgeprägte Apfelduft ihres Laubs, der schon von weitem lockt.

Verwendung: Diese zauberhafte Rose hat einen geschmeidigen Wuchs, der sie für undurchdringliche Hecken empfiehlt. Sie passt wunderbar zu Sträuchern mit purpurfarbenem Laub. Ich denke da an Nussgehölze oder den Perückenstrauch.

- **Höhe:** 180 cm
- **Breite:** 180 cm
- **Blüte:** einmal blühend
- **Schnitt:** Rückschnitt nicht zwingend

›Stanwell Perpetual‹

Wildrosen-Hybride. Lee, Großbritannien 1838

Beschreibung: Die sehr charmanten, gefüllten Blüten dieser Rose sind von sanftem Blassrosa. Sie erblühen in großen Mengen im Juni und von da an in regelmäßigen Abständen bis in den Herbst, bei Wildrosen oder botanischen Rosen eine ausgesprochene Seltenheit. Ihr Duft ist reich und schwer. Das Wuchsbild dieses Strauchs ist dicht und leicht unübersichtlich. Die gebogenen Zweige sind sehr stachelig und tragen gezahntes, grau überhauchtes dunkelgrünes Laub.

Verwendung: Eine ideale Rose für mittelhohe Hecken. Auch die Mischung mit höheren Rosen ist empfehlenswert. In diesem Fall setzt man sie in den Vordergrund, um eine doppelte Windschutz- oder Sichtschutz-Hecke zu schaffen.

- **Höhe:** 150 cm
- **Breite:** 120 cm
- **Blüte:** dauerblühend
- **Schnitt:** Eingriffe beschränken sich auf das Entfernen von totem Holz

›Goldbusch‹

Wildrose. Kordes, Deutschland 1954

Beschreibung: Wieder einmal eine Strauchrose, die erstaunlicherweise nur selten in Gärten zu sehen ist. Ihre halb gefüllten Blüten von blassem, leicht ins Orange übergehendem Gelb sind von strahlender Reinheit und duften köstlich. Sie erscheinen an biegsamen, von üppigem blassgrünem Laub bedeckten Zweigen. Das Laub ist gesund und ebenfalls duftend. Diese eher selten in Katalogen zu findende Rose hätte mehr Aufmerksamkeit verdient.

Verwendung: In Dreiergruppen auf einer Rasenfläche, eingemischt in Beete oder in frei wachsenden Hecken hat sie sich stets bewährt.

- **Höhe:** 250 cm
- **Breite:** 150 cm
- **Blüte:** einmal blühend
- **Schnitt:** einfacher Schnitt zur Säuberung nach der Blüte

Rosa rugosa (Kartoffelrose)

Japan und in Teilen Westasiens. Eingeführt vor 1799

Beschreibung: Diese Rose hat mit ihrem sehr natürlich wirkenden Erscheinungsbild und ihrer Salzverträglichkeit die Begrenzungsstreifen der Autobahnen und küstennahe Gärten erobert. In ihrer rosafarbenen, weißen oder roten Wildform hätte sie sich sehr wohl einen Platz in unseren Gärten verdient, denen sie mit ihren zart duftenden Blüten einen ländlichen Charme verleihen kann. Ihre Hybriden (›Hansa‹, ›Agnès‹, ›Sarah Van Fleet‹) sind sehr interessant. Charakteristisch ist auch das stark geäderte Laub an aufrechten Zweigen.

Verwendung: Diese Sorte ist *die* Heckenrose schlechthin. Um ihren sehr aufrechten Wuchs auszugleichen, stellt man ihr Blütensträucher mit gefälligerem Habitus zur Seite. Für diesen Zweck eignet sich zum Beispiel die *Kolkwitzia amabilis*.

- **Höhe:** 150 cm
- **Breite:** 150 cm
- **Blüte:** dauerblühend
- **Schnitt:** Rückschnitt ist nicht immer zwingend; die Maßnahme hängt davon ab, wie viel Platz sie zur Verfügung hat

›Rush‹

Multiflora-Hybride/Moderne Rose. Lens, Belgien 1983

Beschreibung: Eine sehr reich blühende Strauchrose und sicher eine der schönsten Züchtungen der letzten Jahre. Ihre großen einfachen Blüten, rosafarben mit weißer Mitte, entfalten sich in dicken Büscheln. Diese Rose treibt ständig neue Knospen aus, was eine Blütezeit bis zum Herbstende garantiert. Der Strauch präsentiert sich reich verzweigt, ausladend und elegant, was ihn zu einem wahren Schmuckstück macht.

Verwendung: Diese Rose ist immer eine Empfehlung für Beetpflanzungen oder in Einzelstellung. Ebenso eignet sie sich zur belebenden Einmischung in Hecken und zur Aufteilung einzelner Gartenräume.

- **Höhe:** 150 cm
- **Breite:** 120 cm
- **Blüte:** dauerblühend
- **Schnitt:** Einkürzen der Hauptzweige um ein Drittel; Rückschnitt der Seitenzweige auf zwei oder drei Augen nach dem Winter

›Complicata‹

Rosa macrantha. Herkunft unbekannt

Beschreibung: Eine Rose, die ihren Namen zu Unrecht trägt. Sie ist leicht zu kultivieren und reichlich anspruchslos. Ihre großen, einfachen Blüten bilden Schalen von 12 cm Durchmesser aus. Sie sind von reinem, leuchtendem Rosa mit beinahe weißer Mitte und langen, goldgelben Staubfäden. Die Blüten zieren ausgesprochen stachelige, bogenförmig überhängende Zweige mit hübschem graugrünem Laub. Ihr Duft ist leicht. Zu fortgeschrittener Jahreszeit bildet sie runde, orangefarbene Hagebutten aus.

Verwendung: In frei wachsenden Hecken, untermischt mit anderen Heckenrosen oder sommergrünen und immergrünen Blütensträuchern, wirkt diese Rose Wunder. Sie gedeiht auch auf mageren Böden.

- **Höhe:** 250 cm
- **Breite:** 220 cm
- **Blüte:** einmal blühend
- **Schnitt:** Einkürzen der Seitentriebe auf zwei oder drei Augen nach der Blüte

Rosa alba ›Semiplena‹

Alba-Rose. Eingeführt im 16. Jahrhundert; Herkunft unbekannt

Beschreibung: Nach Meinung einiger Fachleute ist diese Rose eine der ältesten Züchtungen. Ihre Blütendolden aus großen, halb gefüllten Schalen von reinem Milchweiß geben in ihrer Mitte zarte goldgelbe Staubfäden frei. Ein verführerischer Anblick und ein betörender Duft, der für Rosenwasser verwendet wird. Die Silhouette dieser Rose ist harmonisch, ihr Wuchs aufrecht und doch anmutig. Schöne rote Hagebutten machen sie auch im Herbst äußerst attraktiv.

Verwendung: Diese Rose eignet sich perfekt für eine naturnahe Gartenkulisse. In Gruppen als Hecke gepflanzt, ist ihre Wirkung spektakulär. Durch Beimischung zu gewissen Gallica-Sorten ergibt sich eine sehr ursprüngliche Gartenszene.

- **Höhe:** 220 cm
- **Breite:** 150 cm
- **Blüte:** einmal blühend
- **Schnitt:** Einkürzen der Haupt- und Seitenzweige um ein Drittel insgesamt nach der Blüte

Rosen für den Stadtgarten

Auf diese Auswahl an kultivierten Schönheiten
mit aufrechtem Wuchs und makellosen Blüten
sollten Sie in Ihrem Garten nicht verzichten.

Auch die Bodendeckerrosen haben ihre besondere
Aufgabe, sowohl als Schmuck an Straßenböschungen
wie in klein- oder vorstädtischen Gärten.

Bodendeckerrosen – niederliegende Rosen

›Kent‹, auch ›White Cover‹

Bodendecker. Poulsen, Dänemark 1988

Beschreibung: Die länglichen Knospen dieses dicht wachsenden Bodendeckers öffnen sich zu schimmernden, halb gefüllten Blüten, deren charakteristisches Merkmal ihre zitronengelbe Mitte ist. Flach und schalenförmig erreichen sie einen Durchmesser von 5 cm. Ihre Blüte dauert über den ganzen Sommer bis in den Herbst an. Das Laub ist glänzend dunkelgrün und ziemlich robust.

Verwendung: Diese unkomplizierte Rose empfiehlt sich mit ihrem Ausbreitungsdrang zur Überdeckung sonst problematischer freier Flächen. Ebenso gut macht sie sich im Vordergrund einer Rabatte oder als Saum vor einer geschnittenen Buchsbaumhecke, deren leuchtendes Grün sie besonders gut zur Geltung bringt.

- **Höhe:** 50 cm
- **Breite:** 100 cm
- **Blüte:** dauerblühend
- **Schnitt:** regelmäßiges Entfernen der verwelkten Blüten und toten Holzes nach dem Winter

›Nozomi‹, auch ›Heideröslein‹

Zwerg-Rankrose/Bodendecker. Onodera, Japan 1968

Beschreibung: in Japan gezüchtet, treibt diese besonders wuchernde Rose im Juni/Juli Unmengen entzückender Blüten von blassem Rosa aus. Letztere sind ungefüllt und blühen in kleinen Büscheln. Von zartem Duft, harmoniert ihre Blüte wunderbar mit ihrem zarten, kleinblättrigen Laub, dessen strahlendes Grün sich gern rötlich färbt.

Verwendung: Mit ihren bogenförmig wachsenden Zweigen ist diese Rose ideal als anmutiger Überwurf an niedrigen Mauern. ›Nozomi‹ hat sich schon seit langem auch auf steinigem Boden bewährt.

- **Höhe:** 45 cm
- **Breite:** 150 cm
- **Blüte:** einmal blühend
- **Schnitt:** Rückschnitt nach dem Winter, um die Zweige niederliegend zu halten

›Max Graf‹

Rugosa-Hybride/Bodendecker. Bowditch, USA 1919

Beschreibung: Als eine der wertvollsten Rugosa-Hybriden verdient dieser Bodendecker besondere Erwähnung. Der Habitus dieser Rose ist sehr ursprünglich. Sie toleriert auch die ärmsten Böden. Ein einziger Stock ist in der Lage, in kürzester Zeit drei Quadratmeter zu überdecken. Diese Rose hat das für die Sorte charakteristische geriffelte Laub, und ihre einfachen Blüten sind von einem schönen silbrigen Rosa, das zur Mitte hin blasser wird. Ihr Duft ist angenehm mit einer Apfelnote. Im Herbst zeigen sich einige Hagebutten.

Verwendung: Böschungen, Ufer und die Ränder von Wasserbassins überwuchert dieser sehr wüchsige Bodendecker problemlos. Im Vordergrund eines Beetes mit Blütensträuchern verhindert er das Ausbreiten von Unkraut.

- **Höhe:** 50 cm
- **Breite:** 300 cm
- **Blüte:** einmal blühend
- **Schnitt:** kein Rückschnitt nötig

›Tapis Volant‹

Moderne Strauchrose. Lens, Belgien 1982

Beschreibung: Die Anpflanzung dieser Rose wird niemand bereuen. Sie ist niedrig und sehr ausbreitungsfreudig. Ihre Zweige tragen reichlich Blütenbüschel aus weißen, leicht rosa getönten Blüten, die sich bis zum ersten Frost immer wieder erneuern. Die nachfolgenden Hagebutten sind ebenfalls ausgesprochen attraktiv. Das gesunde, glänzende Laub erhöht den Charme dieser oft prämierten Rose.

Verwendung: Naturgemäß ist diese Rose für Böschungen und problematische Gartenecken geeignet. Auch im Vordergrund eines Beetes bildet sie einen attraktiven, pflegeleichten Blütenteppich.

- **Höhe:** 30 cm
- **Breite:** 115 cm
- **Blüte:** öfter blühend
- **Schnitt:** moderater Rückschnitt nach dem Winter, um eine harmonische Wuchsform zu erhalten

›Swany‹

Moderne Zwergrose. Meilland, Frankreich 1978

Beschreibung: Lassen Sie sich vom anmutigen, fast zerbrechlichen Habitus dieser Rose nicht täuschen. Sie ist erprobtermaßen eine der robustesten. Sie ist weder anspruchsvoll, was den Boden betrifft, noch können Krankheitserreger sie daran hindern, ihre zauberhaften Blütenbüschel in reicher Zahl zu entfalten. Die gefüllten Blüten erscheinen über einem üppigen Laub von herrlich glänzendem Dunkelgrün.

Verwendung: Eine immer dort uneingeschränkt vielseitig verwendbare Rose, wo ihre üppig blühenden Zweige sich ungehindert ausbreiten können. Ein besonderer Glanzpunkt ist sie, wenn sie einen kaskadenartigen Überwurf von oben herab über eine Böschung oder eine Terrassenmauer bilden kann.

- **Höhe:** 75 cm
- **Breite:** 200 cm
- **Blüte:** dauerblühend
- **Schnitt:** guter Rückschnitt nach dem Winter, um weiterhin eine anhaltende Blüte zu gewährleisten

›Bonica‹

Moderne Strauchrose. Meilland, Frankreich 1982

Beschreibung: Diese Rose besitzt den reizvollen Charme einer alten Rose, blüht jedoch wie die Besten der modernen Rosen. Unmengen von Büscheln gefüllter Blüten von einem eleganten, kräftigen Rosa zieren die Spitzen der anmutig gebogenen Zweige. Von Natur aus buschig wachsend, besitzt diese niedrige Strauchrose zudem ein glänzendes und gesundes Laub.

Verwendung: Die Sorte ›Bonica‹ entwickelt rasch einen Umfang, der das Zweifache ihrer Höhe misst. Diese Wuchsform empfiehlt sie sowohl für niedrige Hecken als auch zur Überdeckung jeder wie auch immer gearteten Böschung. Ein Bodendecker, der seinesgleichen sucht.

- **Höhe:** 100 cm
- **Breite:** 100 cm
- **Blüte:** dauerblühend
- **Schnitt:** normaler Rückschnitt nach dem Winter

›Francine Austin‹

Moderne Strauchrose/Englische Rose.
David Austin, Großbritannien 1988

Beschreibung: Der Duft nach alten Rosen und Moschus macht diesen hübschen Strauch mit seinen hinreißenden Büscheln aus kleinen, weißen Pomponblüten als perfekten Bodendecker noch wertvoller. Das schöne, üppige Laub, leuchtend grün und gesund, betont die Farbenreinheit der lang anhaltenden Blüte.

Verwendung: Als Rose von mustergültigem Erscheinungsbild bringt dieser Bodendecker Licht und eine fröhliche Note in die unterschiedlichsten Gartenräume wie Böschungen, Ufersituationen, Beetränder, usw.

- **Höhe:** 90 cm
- **Breite:** 120 cm
- **Blüte:** öfter blühend
- **Schnitt:** Rückschnitt um ein Drittel im Umfang gegen Ende des Winters

›Snow Ballet‹

Strauchrose. Clayworth, Großbritannien 1977

Beschreibung: Die Blüten dieser sehr anmutigen Rose sind schalenförmig, gefüllt und von bestechendem Reinweiß und feinem Duft. Ihre im Durchmesser 5 cm großen Blüten entfalten sich durchgehend über dunkelgrün leuchtendem Laub. Ihr Wuchs ist kompakt und kriechend.

Verwendung: Diese vielseitig verwendbare Rose ist vielleicht in einem weißen Garten am wertvollsten. Einige Stöcke an einer Böschung vor immergrünen Sträuchern mit dunklem Laub genügen, um eine heitere und charmante Gartenszene entstehen zu lassen.

- **Höhe:** 40 cm
- **Breite:** 100 cm
- **Blüte:** öfter blühend
- **Schnitt:** Entfernen der welken Blüten, um ein wiederholtes Blühen zu begünstigen; ein Rückschnitt genügt alle drei Jahre

Hochstämme und Trauerformen

›Sylvie Vartan‹

Polyantha-Rose. Ève, Frankreich 1969

Beschreibung: Diese vollkommene Kreation von André Ève hatte mittlerweile reichlich Zeit, sich zu bewähren. Während die Chansons von Sylvie Vartan immer seltener zu hören sind, erfreut sich die nach ihr benannte Rose noch immer großen Zuspruchs. Schließlich entfalten sich ihre leuchtend rosafarbenen Blüten in Folge über den ganzen Sommer. Sie stehen in anmutigen Büscheln und duften obendrein sehr angenehm. Ihr Laub ist gesund, regelmäßig und krankheitsresistent.

Verwendung: Mit ihrer ausgesprochen edlen Wuchsform gehört diese Rose in jeden gepflegten Garten. In Gesellschaft von Schleierkraut *(Gypsophila)*, Katzenminze *(Nepeta)* und Skabiosen *(Knautia)* kommt ihr intensives Rosa gut zur Geltung.

- **Breite:** 60 cm
- **Blüte:** öfter blühend
- **Schnitt:** normaler Rückschnitt nach dem Winter; behalten Sie lediglich drei bis fünf Hauptzweige

›Magic Meillandecor‹

Polyantha-Rose. Meilland, Frankreich 1992

Beschreibung: Diese außergewöhnlich krankheitsresistente Rose hat sich bereits einen Ruf als solider Bodendecker erworben. Als Hochstamm sind ihre fast ungefüllten magentarosa Blüten mit ihren auffällig goldgelben Staubfäden erneut ein Highlight für jeden Garten. Sie blüht den ganzen Sommer, indem sie regelrechte Blütenkaskaden an ihren graziös überhängenden Zweigen ausbildet. Ihr leichter Duft nach Weißdorn macht ihren Charme vollkommen. Das dunkelgrüne, dichte Laub verbindet sich mit dem Rosa der Blüten zu einer harmonischen Farbkombination.

Verwendung: Tiefblauer oder violetter Rittersporn sowie ein Tuff Eisenhut ergeben mit dieser Rose ein gutes Gartenbild im Rahmen eines Beetes.

- **Breite:** 90 cm
- **Blüte:** öfter blühend
- **Schnitt:** Entfernung der schwachen Zweige; Rückschnitt der Haupttriebe und Seitentriebe nach dem Winter

›Phyllis Bide‹

Polyantha-Hybride. Hochstammvariante des gleichnamigen Ramblers. Bide, Großbritannien 1923

Beschreibung: Diese sehr natürliche Rose trägt Büschel von Blüten, die in sich so unterschiedliche Farbschattierungen wie Rosé, Gelb, Creme und Lachsrosa vereinen. Sie ist stark wüchsig und hat eine üppige Belaubung, wobei das einzelne Blatt zwar klein und schmal, jedoch von leuchtendem Grün und äußerst gesund ist.

Verwendung: Die kräftigen und praktisch stachellosen, überhängenden Zweige dieses Hochstamms reichen geschmeidig fast bis zum Boden. Frauenmantel *(Alchemilla)*, Wolfsmilch *(Euphorbia)*, Schafgaben *(Achillea)* oder gelbe Montbretien *(Crocosmia)* bilden im Unterwuchs einen zauberhaften Teppich.

- **Breite:** 90 cm
- **Blüte:** öfter blühend
- **Schnitt:** Einkürzen der Haupttriebe und Rückschnitt der Seitentriebe auf drei bis vier Augen nach dem Winter

›Winchester Cathedral‹

Englische Rose. Austin, Großbritannien 1988

Beschreibung: Weiße Spielform der ›Mary Rose‹, die den Liebhabern englischer Rosen wohl bekannt ist. Diese Rose besitzt alle Qualitäten ihrer Eltern. Ihr strahlendes Weiß allein schon macht sie zu einer wahren Schönheit. Die gut gefüllten Blüten auf satt glänzendem, gesundem Laub erneuern sich den ganzen Sommer über und verbreiten einen süßen Duft mit einer Note von Honig und Mandeln. Wir haben es hier mit einer üppigen Rose von erhabener Eleganz zu tun.

Verwendung: In kleinen Stadtgärten ist ihre Wirkung sensationell. Sie eignet sich perfekt für Liebhaber von weißen Gärten. Weißer Lavendel *(Lavandula spec.* ›Alba‹), Funkien *(Hosta)* und in Form geschnittene Eiben bilden einen idealen Rahmen.

- **Breite:** 60 cm
- **Blüte:** dauerblühend
- **Schnitt:** normaler Rückschnitt nach dem Winter; Einkürzen der Zweige auf zwei oder drei Augen über der Pfropfstelle

›Rustica‹

Floribunda-Rose. Meilland, Frankreich 1981

Beschreibung: Großblütige Rosen, die als Hochstammrose gezogen werden, haben gelegentlich einen leicht gestelzten Habitus, was ihre Integration in unsere Gärten etwas schwierig macht. Mit dieser Rose allerdings gibt es solche Probleme nicht. Ihre großen cremefarbenen Blüten zeigen sich von der lieblichen Zerzaustheit einer schlafenden Schönheit. Ihre Farbe verblasst zum Rand hin, und sie entfaltet sich in leicht überhängenden Büscheln, was der Pflanze einen nonchalanten Charme verleiht. Das Laub ist gesund und von einem eleganten Mattgrün.

Verwendung: Dieser Hochstamm kommt dann am besten zur Geltung, wenn Frauenmantel *(Alchemilla)* und blassblaue Skabiosen *(Knautia)* in seinem Unterstand gedeihen.

- **Breite:** 60 cm
- **Blüte:** öfter blühend
- **Schnitt:** Rückschnitt sämtlicher Zweige auf zwei bis drei Augen nach dem Winter; entfernen Sie alle Knospen, die sich am Stamm bilden

›Auguste Gervais‹

Wichuraiana-Hybride. Barbier, Frankreich 1918

Beschreibung: Wenn auch bekannter als Kletterrose von gut 4 bis 5 m Höhe, gibt es diese Rose auch als Hochstammrose. Ihre halb gefüllten Blüten entfalten sich in Büscheln in Kupfergelb, das beim Verblühen in Elfenbeinweiß verblasst. Das leuchtend dunkelgrüne Laub steht dazu in schönem Kontrast. Die Blüten erscheinen den ganzen Sommer über und haben einen sehr angenehmen Duft.

Verwendung: Als Abkömmling eines wüchsigen Ramblers erreicht diese Stammrose eine bemerkenswerte Üppigkeit, sodass sie sich für eine Einzelstellung empfiehlt. Besonders attraktiv ist sie, wenn sie einen Gartenweg zu beiden Seiten säumt.

- **Breite:** 90 cm
- **Blüte:** einmal blühend, dafür lang anhaltend
- **Schnitt:** Einkürzen der Hauptzweige und Rückschnitt der Seitentriebe auf drei Augen nach der Blüte

›Canary Bird‹

Xanthina-Hybride. China 1911

›Aviateur Blériot‹

Luciae-Hybride. Fauque, Frankreich 1910

Beschreibung: Diese charmante Rose treibt lange und biegsame Zweige aus, an denen sich Blüten und Laub elegant abwechseln. Die Blüten sind ungefüllt, von sattem Gelb, besitzen auffällige Staubgefäße und erscheinen schon im April bis Mai. Die Blätter sind farnähnlich und betonen damit das zarte Erscheinungsbild dieser üppig wachsenden Rose, die es ebenfalls als Kletterrose gibt.

Verwendung: Als Hochstamm ist ›Canary Bird‹ von erlesener Eleganz. Es empfiehlt sich, an ihrem Stamm goldblättrig panaschierten Salbei *(Salvia officinalis* ›Icaterina‹) zu pflanzen oder reichlich cremefarbenen Goldmohn *(Eschscholzia)* auszusäen.

- **Breite:** 90 cm
- **Blüte:** einmal blühend, wobei vereinzelte Blüten noch einmal im Herbst erscheinen
- **Schnitt:** leichter Rückschnitt nach der Blüte; die einzelnen Blüten sind schnell vergänglich

Beschreibung: Möchten Sie in einer Gartenecke einen Farbakzent setzen, ist diese Rose keine Enttäuschung. Ihre schönen, gefüllten Blüten von Gelb-Orange sind von einer besonderen Leuchtkraft. Sie entfalten sich in Büscheln vor dem Hintergrund ihres dunkelgrünen Laubs und strömen einen angenehmen Duft nach Magnolien aus. Als Spielform einer Ramblerrose hat dieser Hochstamm eine elegant überhängende Wuchsform. Ihre reichlich ungewöhnliche Farbe ist ein echter Trumpf.

Verwendung: Ideal eingangs eines Gartenweges oder als Solitärstamm. Ein Ring aus Storchschnabel (*Geranium x* ›Johnson's Blue‹) um ihren Stamm wirkt sehr apart.

- **Breite:** 90 cm
- **Blüte:** einmal blühend
- **Schnitt:** Rückschnitt nach der Blüte; entfernen Sie sämtliche Knospen am Stamm

Balkonrosen

›Gruß an Aachen‹

Floribunda-Rose. Geduldig, Deutschland 1909

Beschreibung: Es ist mir ein Rätsel, dass diese Rose nicht häufiger Zuspruch von Rosenfreunden findet. In Büscheln gruppiert, entfalten sich die dicht gefüllten Blüten in herrlichem Cremeweiß mit hellrosa bis pfirsichfarbenem Hauch. Ihr Duft ist süß. Dieser hübsche, gedrungene Strauch besitzt ein gleichermaßen schönes und dichtes Laub, das außerordentlich krankheitsresistent ist. Es ist höchste Zeit, dass dieses Rosenwunder endlich entdeckt wird.

Verwendung: Im Garten bietet sich dieser Strauch für Rosenbeete und Rabatten an. Ebenso geschaffen ist er für Balkon oder Terrasse, wo sich seine Blüte bis in den Herbst fortsetzt.

- **Höhe:** 50 cm
- **Breite:** 50 cm
- **Blüte:** dauerblühend
- **Schnitt:** normaler Rückschnitt nach dem Winter

›Mme Louis Lévêque‹

Moosrose. Lévêque, Frankreich 1898

Beschreibung: Diese Rose ist eine der schönsten Strauchrosen in warmem Rosa zur Verwendung auf Balkon oder Terrasse (und nicht nur dort!). Die bemoosten Blütenknospen allein sind äußerst dekorativ. Sobald sich jedoch die gefüllten Schalen aus seidig gemaserten Blütenblättern entfalten, ist das Entzücken vollkommen. Der Wuchs dieser Rose ist aufrecht, das Laub dunkelgrün.

Verwendung: In besonnten Ecken einer Terrasse oder eines Balkons, umgeben von Lavendel *(Lavandula)* oder Katzenminze *(Nepeta)*, setzt sie optische Akzente.

- **Höhe:** 120 cm
- **Breite:** 100 cm
- **Blüte:** mehr oder weniger öfter blühend
- **Schnitt:** leichter Rückschnitt nach dem Winter

›Souvenir d'Adolphe Turc‹

Polyantha-Rose. Turc 1926 – Herkunftsland unbekannt

›Little White Pet‹, auch ›White Pet‹, ›Belle de Téhéran‹

Sempervirens-Hybride. Henderson, USA 1879

Beschreibung: Auf Terrasse oder Balkon sollte man stets Rosen haben, die üppig und regelmäßig blühen. Diese Rose gehört zu dieser Kategorie, und es verwundert, dass sie in einschlägigen Katalogen nicht häufiger anzutreffen ist. Sie ist eine ausgezeichnete, niedrigwüchsige Sorte, die von Sommer bis in den Herbst eine Vielzahl bezaubernder Büscheln kleiner lachsrosa Blüten austreibt.

Verwendung: Diese außerordentlich genügsame Rose ist für Blumenkästen wie geschaffen, die nur wenige Pflanzen bereits füllen. Die raffinierte Farbe ihrer Blüten passt zu Frauenmantel *(Alchemilla)* oder einem Tuff Schleierkraut *(Gypsophila)*. Auch weiße Petunien *(Petunia)* empfehlen sich als perfekte Kombination.

- **Höhe:** 60 cm
- **Breite:** 60 cm
- **Blüte:** öfter blühend
- **Schnitt:** Entfernen der verblühten Blüten und Einkürzen der Zweige nach dem Winter

Beschreibung: Hatten Sie bereits Gelegenheit, die Kletterrose ›Félicité Perpétue‹ bewundern zu können, wird Sie diese Rose sofort begeistern. Sie ist nämlich nichts anderes als eine zwergwüchsige Mutation dieser Sorte. Aus üppigen rosafarbenen Knospen entfalten sich kleine weiße, dicht gefüllte Rosenblüten in duftenden Büscheln, die praktisch bis in den Herbst hinein unaufhörlich blühen. Das Laub ist von einem eleganten Blaugrün.

Verwendung: Sie eignet sich problemlos für Blumenkästen, vorausgesetzt, man vergisst nie, sie zu düngen, denn das benötigt sie für eine gute Blüte.

- **Höhe:** 50 cm
- **Breite:** 45 cm
- **Blüte:** dauerblühend
- **Schnitt:** normaler Rückschnitt nach dem Winter

›Bordure nacrée‹

Miniaturrose/Patio-Rose. Delbard, Frankreich 1963

Beschreibung: Eine Rose voller Charme und Zauber, reich verzweigt und buschig, deren üppige Blüte sie besonders für die Anzucht im Topf oder in Blumenkästen empfiehlt. Ihre stark gefüllten Blüten entfalten sich cremefarben bis gelb und gehen in Perlmuttweiß über, bevor sie sich im reifen Alter rosa färben. Ein weiterer Vorteil ist das buschig wachsende Laub dieser Rose, das keine Krankheiten kennt. Ein todsicherer Tipp für anspruchsvolle Rosenfreunde.

Verwendung: Auf einer großen Terrasse kann diese Rose den Vordergrund vor wesentlich höheren Sträuchern bilden. Als Blütenstrauch passt zum Beispiel die im Sommer blau blühende Säckelblume *(Ceanothus)*.

- **Höhe:** 40 cm
- **Breite:** 40 cm
- **Blüte:** öfter blühend
- **Schnitt:** Einkürzen des alten Holzes nach dem Winter

Rosa nitida

Wildrose. Östl. Nordamerika 1807

Beschreibung: Auf einfacher gestalteten Balkonen und Terrassen kann diese Wildrose mit ihrem hinreißend schönen, farnähnlichen Laub, das sich im Herbst wie einige Ahornarten rot färbt, große Freude bereiten. Ihre Blüten zeigen eine geradezu ursprüngliche Einfachheit. Sie entfalten sich ungefüllt in intensivem Rosa mit goldgelben, deutlich sichtbaren Staubgefäßen in ihrer Mitte.

Verwendung: Angesichts der mit feinen Stacheln bedeckten Zweige empfiehlt sich für diese kleine Strauchrose ein Platz abseits von Sitzecken und Durchgängen. Die hübschen Hagebutten, die sich nach der Blüte ausbilden, sind eine echte Überraschung.

- **Höhe:** 80 cm
- **Breite:** 80 cm
- **Blüte:** einmal blühend
- **Schnitt:** regelmäßiges Entfernen des toten Holzes

›Cécile Brunner‹, auch ›Cécile Brünner‹, ›Sweetheart Rose‹, ›Mignon‹, ›Maltese Rose‹

China-Rose. Pernet-Ducher, Frankreich 1881

Beschreibung: Die hübsch geformten Blüten in lockeren Büscheln sind von einem zauberhaften Muschelrosa und geeignet, allgemein Beifall zu erregen. Um das Bild vollkommen zu machen, duftet diese Rose frisch und süß, hat eine kompakte, buschige Wuchsform und blüht vom Sommer bis in den Herbst. Als kleinwüchsige Kopie einer bestehenden Klettervariante gehört diese Rose zu den interessantesten Sorten ihrer Art.

Verwendung: Im Garten ergibt diese Rose wunderschöne Rabatten. Auf dem Balkon stellt man sie an sonnige Plätze, in Gesellschaft von weißem oder tiefblauem immergrünem Storchschnabel *(Geranium)*.

- **Höhe:** 75 cm
- **Breite:** 65 cm
- **Blüte:** öfter blühend
- **Schnitt:** Rückschnitt nach dem Winter

›The Fairy‹

Polyantha-Rose. Bentall, Großbritannien 1932

Beschreibung: Immer mehr Gartenfreunde räumen dieser zauberhaften, überaus üppig blühenden Rose einen angemessenen Platz ein, und das ist nur angemessen. Ihre dichten Büschel aus hellrosa Pomponblüten sind ein nicht zu überbietender Farbakzent. Sie entfalten sich durchgehend vom Sommer bis zum Herbst an einem dichten Busch.

Verwendung: Diese Rose eignet sich für Beete und gemischte Rabatten, bietet sich jedoch gleichfalls für die Ziehung in Töpfen an. Sie ist gleichzeitig eine ausgezeichnete Schnittrose.

- **Höhe:** 60 cm
- **Breite:** 80 cm
- **Blüte:** dauerblühend
- **Schnitt:** ein Rückschnitt ist nicht empfehlenswert, möchte man ihre ausladende Wuchsform erhalten

Schnittrosen

›Saint-Exupéry‹

Teehybride. Delbard, Frankreich 2003

Beschreibung: Alljährlich werden neue Blütenpflanzen gezüchtet und verschwinden bald wieder aus Gärtnereien und Katalogen. Die oben genannte Kreation von Delbard aus dem Jahr 2003 allerdings läuft kaum Gefahr, schnell in Vergessenheit zu geraten. Dafür sind ihre Qualitäten einfach zu zahlreich, vor allem ihre Blütenform – groß und dicht gefüllt entfaltet sie sich aus hübschen, rundlichen Knospen. Als Nächstes ist es die Farbe, ein kräftiges Magenta-Rosa, das die Rosenfreunde bezaubert. Und nicht zuletzt der Duft, der nichts anderes ist als die Quintessenz einer Rose. Ein absolutes Highlight!

Verwendung: Eine ausgesprochen schöne Rose für Beete und Rabatten. Mutig, wer sie mit schokoladenbraunen Kosmeen *(Cosmos)*, Zierlauch *(Allium spec.)* oder tiefblauem Salbei *(Salvia nemorosa)* mischt.

- **Höhe:** 80 cm
- **Breite:** 65 cm
- **Blüte:** öfter blühend
- **Schnitt:** normaler Rückschnitt nach dem Winter

›Louise Odier‹

Bourbon-Rose. Margottin, Frankreich 1851

Beschreibung: Die kamelienähnlichen Blüten in Purpurrot mit lila Schimmer entfalten sich an einem schönen, dichten Strauch in reichen Büscheln. Ihr opulenter, süßer Duft befriedigt auch den anspruchsvollsten Rosenliebhaber. Die bogenförmig überhängenden Zweige tragen kräftiges, hellgrünes Laub, von dem sich die warme Farbe der Blüten vorteilhaft abhebt.

Verwendung: Diese Rose eignet sich ideal für gemischte Beete aus Rittersporn *(Delphinium)* und Salbei *(Salvia)*. Sie gehört zu den schönsten rosafarbenen Rosen. Da ich sie stets in prächtigen Sträußen bewundert habe, habe ich sie mir für das Kapitel »Schnittrosen« aufgespart.

- **Höhe:** 130 cm
- **Breite:** 120 cm
- **Blüte:** öfter blühend
- **Schnitt:** Entfernen der schwachen Triebe nach dem Winter; Rückschnitt der übrigen Zweige auf zwei bis drei Augen

›Mamy Blue‹

Teehybride. Delbard, Frankreich 1991

Beschreibung: Wieder eine Rose von erstaunlicher Farbe, die in Beeten oder Sträußen besondere Akzente setzt. Die Blüten sind von intensivem, leicht bläulichem Mauve. Sie sind schön geformt und haben einen ausgeprägten Duft mit einer Note von Zitrone, Storchschnabel, Veilchen und Honig.

Verwendung: Die ideale Kombination dieser Rose in Beeten oder Sträußen sind für mich hellrosa oder cremeweiße Rosen und lachsfarbene oder erdbeerrote Schafgarbe.

- **Höhe:** 90 cm
- **Breite:** 80 cm
- **Blüte:** öfter blühend
- **Schnitt:** normaler Rückschnitt nach dem Winter

›Ingrid Bergman‹

Teehybride. Poulsen, Dänemark 1984

Beschreibung: Im Pantheon der roten Rosen, die sowohl im Garten als auch in Sträußen brillieren, ist diese Rose die Königin. Ihre Blüten von samtigem Blutrot bestechen durch die dicht stehenden, elegant nach außen gerollten, gemaserten Blütenblätter. Sie entfalten sich in Folge von Juni bis zum ersten Frost an langen Zweigen, was sie in Vasen besonders gut aussehen lässt. Ihr Duft ist kaum wahrnehmbar.

Verwendung: Diese Rose ist sehr vielseitig. Von Rabatten bis gemischten Beeten wirkt sie immer und überall. Am schönsten ist sie in Sträußen.

- **Höhe:** 70 cm
- **Breite:** 50 cm
- **Blüte:** öfter blühend
- **Schnitt:** normaler Rückschnitt nach dem Winter

›Michèle Meilland‹

Teehybride. Meilland, Frankreich 1945

Beschreibung: Diese Sorte ist eine perfekte Teehybride mit langer Blütezeit. Ihre großen, gefüllten Blüten von elegant schimmerndem Rosa mit lila Glanzlichtern und beinahe orangeroter Mitte haben einen angenehmen Duft. Diese anspruchslose, zuverlässige Rose besitzt zusätzlich den Vorzug eines dunkelgrünen, krankheitsresistenten Laubs.

Verwendung: Die als Schnittblume geeignete Rose macht sich auch gut in Rosenbeeten. Bei einer Pflanzung in Gruppen sollte ein Abstand von jeweils 50 cm eingehalten werden.

- **Höhe:** 100 cm
- **Breite:** 80 cm
- **Blüte:** dauerblühend
- **Schnitt:** Rückschnitt der Zweige auf zwei oder drei Augen nach dem Winter

›Perle Noir‹

Teehybride. Delbard, Frankreich 1986

Beschreibung: Aus einer schwarzen Knospe entfaltet sich eine großartige Blüte von sattem Dunkelrot. Eine perfekte Rose an aufrechten Stängeln, die ein mattgrünes, ebenmäßig geformtes Laub umgibt.

Verwendung: Diese perfekte Beetrose verliert ihre Farbe nicht einmal in der prallen Sonne. Im Gegenteil: Der sanfte Schimmer ihrer Blütenblätter wird sogar noch intensiver. Sie ist eine ideale Schnittrose von langer Haltbarkeit.

- **Höhe:** 100 cm
- **Breite:** 90 cm
- **Blüte:** öfter blühend
- **Schnitt:** Rückschnitt der Zweige auf zwei bis drei Augen nach dem Winter

›Sweet Juliet‹

Moderne Strauchrose. Austin, Großbritannien 1989

Beschreibung: Mit dem hellen Apricot-Gelb ihrer eleganten, gefüllten Blüten von ausgeprägter Schalenform darf diese englische Kreation in der Auswahl der Besten nicht fehlen. Sie ist von vitalem, buschigem Wuchs und bringt herrliche Blütenbüschel an soliden Stängeln mit glänzendem mittelgrünem Laub hervor. Sie verströmt den charakteristischen Duft der Teerose.

Verwendung: Diese Rose ist ideal in gemischten Beeten mit Rittersporn *(Delphinium)* auf gut versorgten Böden.

- **Höhe:** 100 cm
- **Breite:** 90 cm
- **Blüte:** öfter blühend
- **Schnitt:** Rückschnitt nach dem Winter; die Haupttriebe werden auf die Hälfte gekürzt und anschließend die schwächsten Zweige entfernt

›Terracotta‹

Teehybride. Meilland, Frankreich 1997

Beschreibung: Die an Sienaerde erinnernde Farbe dieser Rose ist an sich schon eine Überraschung. Ihre gut 30 Blütenblätter entfalten sich in perfektem Rund über dichtem und sehr gesundem Laub.

Verwendung: Diese Rose eignet sich aufgrund ihrer im Garten äußerst seltenen Farbe gut für Rosenbeete und Rabatten. In Beeten oder Sträußen passt sie perfekt zum bläulichen oder silbrigen Laub bestimmter Stauden, wie Wermut *(Artemisia)*, Fetthenne *(Sedum)* oder Wiesenraute *(Thalictrum aquilegifolium)*.

- **Höhe:** 100 cm
- **Breite:** 90 cm
- **Blüte:** öfter blühend
- **Schnitt:** normaler Rückschnitt nach dem Winter auf zwei oder drei Augen

Rosen-Kuriositäten

Auch Rosen sind für Überraschungen gut.
Mal ist es ihr Duft, mal ihre Farbe, die uns verblüfft.
Und wer hätte gedacht, dass es eine grüne Rose gibt?
Sehen wir uns um – es gibt viel zu entdecken.

Ungewöhnliche Rosen

Rosa foetida ›Bicolor‹, auch ›Austrian Copper‹

Eingeführt aus Asien um 1590

Beschreibung: Diese Rose ist eine natürliche Mutation der goldgelb blühenden *R. foetida* auf schwarzem Holz. Ihre einfachen Blüten sind von einem schönen Kupferorange mit gelber Rückseite. Häufig tauchen an ein und derselben Pflanze orangerote und gelbe Blüten gleichzeitig auf. Diese kuriose Eigenschaft hat der Rose auch den Namen ›Capucine Bicolore‹ eingetragen.

Verwendung: Da diese Rose leider sehr anfällig für Sternrußtau ist, sollte sie unbedingt in geschützten Situationen gepflanzt werden. In Einzelstellung auf einer Rasenfläche kann sie sehr spektakulär sein, denn dort kommt der Kontrast ihrer Farben richtig zur Geltung.

- **Höhe:** 150 cm
- **Breite:** 150 cm
- **Blüte:** einmal blühend
- **Schnitt:** Einkürzen um insgesamt ein Drittel nach der Blüte

Rosa sericea pteracantha

Himalaya; West-China. Um 1890 eingeführt

Beschreibung: Ungeachtet ihrer kleinen weißen, aus vier Petalen bestehenden Blüten von zurückhaltender Schönheit, sind es die Dornen, die diese Rose berühmt gemacht haben. Verhältnismäßig groß und von durchscheinendem Blutrot, stehen diese dicht an braunen Zweigen und sind in Kombination mit dem zarten farnähnlichen Laub eine nicht zu übersehende Sensation. Die Früchte, die sich zu Beginn des Herbstes zeigen, sind rund und rot.

Verwendung: Für Begrenzungshecken findet sich kaum eine geeignetere Rose. Die Ausformung der Dornen allein schon ist für den defensiven Zweck solcher Hecken überzeugend. Als Einsäumung eines Feldes in bäuerlichen Regionen bildet diese Rose eine natürliche Barriere zwischen kultivierten Flächen und freier Natur.

- **Höhe:** 300 cm
- **Breite:** 200 cm
- **Blüte:** einmal blühend
- **Schnitt:** das Entfernen alten Holzes fördert die Ausbildung von Zweigen mit schönen Dornen

Rosa glauca (Blaugrüne Rose)

Europa 1830

Beschreibung: Das charakteristische blaugrüne und bläulich rote Laub dieser Rose ist Liebhabern starker Kontraste vor allem in Hecken besonders lieb. Ihre ungefüllten, kleinen Blüten sind von einem lebhaften Rosa mit weißer Mitte. Sie entfalten sich zu Beginn des Sommers. Später bilden sich rote, eiförmige Hagebutten aus.

Verwendung: In Dreiergruppen haben diese Rosen eine erstaunliche Wirkung. Ebenso gut lassen sie sich unter Blütensträucher mischen, um mit Farbkontrasten zu spielen. Einige Wolfsmilcharten *(Euphorbia)* mit blassgrünen oder lebhaft orangeroten Blättern machen sich im Unterwuchs ausgesprochen gut.

- **Höhe:** 200 cm
- **Breite:** 150 cm
- **Blüte:** einmal blühend
- **Schnitt:** wenn nötig, beschränkt man sich auf die Entfernung toten Holzes

Rosa chinensis ›Viridiflora‹, auch ›Green Rose‹

China-Rose. Ca. 1833

Beschreibung: Die so genannten »schwarzen Rosen« sind eigentlich intensiv dunkelrot, aber diese grüne Rose ist tatsächlich grün. Die Blütenblätter sind bei dieser Sorte durch grüne, gezahnte Blätter mit dunkelroten Einsprenkelungen ersetzt. Niemals krank, liebt diese Rose sonnige Standorte und nährstoffreiche Böden.

Verwendung: Diese Rose wird vor allem für floristische Zwecke geschätzt. Im Garten können einige Stöcke in Gesellschaft mit grazilen Stauden, wie zum Beispiel Sterndolden *(Astrantia)*, gepflanzt werden.

- **Höhe:** 95 cm
- **Breite:** 70 cm
- **Blüte:** öfter blühend
- **Schnitt:** normaler Rückschnitt nach dem Winter

Duftrosen

›Sharifa Asma‹

Englisch Rose. Austin, Großbritannien 1989

Beschreibung: Diese ausgesprochen schöne Kreation David Austins verbindet den vornehmen Habitus einer alten Rose mit den wesentlichen Qualitäten einer modernen Rose. An einem ziemlich gedrungenen Rosenstrauch mit dichtem Laub entwickeln sich flach-schalenförmige Blüten von zartem Blassrosa, das fast in Weiß übergeht. Der intensive Duft mit fruchtiger Note erinnert an Trauben und Brombeeren.

Verwendung: Die perfekte Blässe der Blüten verleitet zu Kombinationen mit farblich kontrastierenden Stauden, wie zum Beispiel mit magentarosafarbenem Storchschnabel oder den sehr eleganten schokoladenbraunen Kosmeen.

- **Höhe:** 110 cm
- **Breite:** 100 cm
- **Blüte:** dauerblühend
- **Schnitt:** sanfter Rückschnitt nach dem Winter

›Roseraie de l'Haÿ‹

Rugosa-Hybride. Cochet-Cochet, Frankreich 1901

Beschreibung: Die großen, schalenförmigen Blüten dieser prachtvollen Strauchrose öffnen sich zu einem immer dunkler werdenden Karmesinrot, das sich schließlich mit lila Glanzlichtern schmückt. Ihr intensiver Duft nach Gewürznelken ist ausgesprochen ungewöhnlich. Wie alle Rugosa-Sorten besitzt diese ein deutlich ausgeprägtes Laub und sehr stachelige Zweige. Es handelt sich hier um einen sehr vitalen Strauch, der kaum der Pflege bedarf.

Verwendung: Diese Rose eignet sich ausgezeichnet für frei wachsende Dufthecken. Ebenso geschätzt wird sie in gemischten Beeten, wo sie in der Gesellschaft von malvenfarbener Buddleia besonders attraktiv wirken kann.

- **Höhe:** 120 cm
- **Breite:** 100 cm
- **Blüte:** dauerblühend
- **Schnitt:** leichter Rückschnitt nach dem Winter

›Dioressence‹

Teehybride. Delbard-Chabert, Frankreich 1984

Beschreibung: Allein die Farbe rechtfertigt unser Interesse an dieser eleganten Erscheinung. Ihre Knospenform ist von einem lila überhauchten Altrosa, was der Rose etwas Ätherisches gibt. Dennoch muss eine Rose dieses Namens auch andere Qualitäten besitzen. Ihr einzigartiger Duft, eine Mischung aus Bergamotte, Geranien und Moos, macht sie zu einer der erfolgreichsten und beliebtesten modernen Rosen.

Verwendung: Diese Rose passt überall dorthin, wo wir ihren Duft genießen können. Zartes Rosa und die Malvenfarbe anderer Stauden passen am besten zu ihr. Kann man dem Vergnügen nicht widerstehen, Sträuße von dieser Rose zu pflücken, sollte praktischerweise ein Beet damit bepflanzt werden.

- **Höhe:** 90 cm
- **Breite:** 80 cm
- **Blüte:** öfter blühend
- **Schnitt:** normaler Rückschnitt nach dem Winter; braucht bei Temperaturen unter Null Winterschutz

›Mme Isaac Pereire‹

Bourbon-Rose. Garçon, Frankreich 1881

Beschreibung: Diese Rose besitzt prächtige, dicht gefüllte Blüten von einem ins Purpur übergehenden, absolut faszinierenden Dunkelrosa. Ihr Duft ist ebenfalls von magischem Zauber, berauschend in seiner Mischung aus Pfeffer und Himbeeren. Hat man ihren Duft einmal genossen, muss man sie besitzen. Die vitale Kraft und die bogenförmig überhängende Wuchsform der Zweige dieses schön ausgebildeten Rosenstrauchs machen ihn zu einer Besonderheit.

Verwendung: Als Strauchrose oder auch als Kletterrose, doch stets in der Nähe von Gartenwegen, um nie auf ihren opulenten Duft verzichten zu müssen.

- **Höhe:** 200 cm
- **Breite:** 200 cm
- **Blüte:** dauerblühend
- **Schnitt:** normaler Rückschnitt nach dem Winter

›André Le Nôtre‹

Teehybride. Meilland, Frankreich 1998

Beschreibung: Obwohl diese Rose zu den neueren Kreationen gehört, besitzt sie den Habitus einer alten Rose. Ihre Blüten entfalten sich in einer flachen Schalenform von zartem Rosa, das zur Mitte hin intensiver wird. Ihr Duft ist köstlich und opulent und erinnert ebenfalls an vergangene Zeiten. Das Laub ist tadellos und dicht. Nicht genug all dieser Qualitäten, trägt sie auch noch den Namen des berühmtesten Gärtners Frankreichs.

Verwendung: Wie geschaffen für Beetsäume oder Sträuße.

- **Höhe:** 100 cm
- **Breite:** 90 cm
- **Blüte:** öfter blühend
- **Schnitt:** normaler Rückschnitt nach dem Winter; bei Frost ist Winterschutz angebracht

›O Sole Mio‹

Teehybride. Delbard, Frankreich 1984

Beschreibung: Diese großblütige Strauchrose gehört zu den schönsten Kreationen des Züchters Delbard. Anerkanntermaßen ist sie nahezu perfekt. An aufrechten Zweigen entfalten sich zwei oder drei Knospen in Büscheln von strahlendem Mittelgelb mit einem reichen, fruchtigen Parfüm.

Verwendung: Diese Teehybride eignet sich für Rabatten und gepflegte Rosenbeete. In großer Zahl gepflanzt, ist ihre Wirkung sensationell. Das schöne Gelb ihrer Blüten macht sich ausgezeichnet vor dem glänzenden Laub einer Lorbeerhecke oder der dunkleren Kulisse einer in Form geschnittenen Eibenhecke.

- **Höhe:** 100 cm
- **Breite:** 90 cm
- **Blüte:** öfter blühend
- **Schnitt:** normaler Rückschnitt nach dem Winter

›Cuisse de nymphe émue‹, eigentlich die farblich intensivere Variante der Rose ›Maiden's Blush‹

Alba-Rose. Vibert, Frankreich 1802

Beschreibung: Rosenkenner verzichten ungern auf die Anmut dieser kostbar erscheinenden schalenförmigen Blüten. Die leicht knittrigen Blütenblätter verlocken den Betrachter geradezu, ihren gleichermaßen intensiven wie süßen Duft einzuatmen. Eingefleischte Nörgler werden allerdings sofort beanstanden, dass sie nur einmal blüht. Das Laub, dicht und gesund, ist von einem wohltuenden Graugrün mit bläulichem Schimmer.

Verwendung: Diese Rose ist eine ausgezeichnete Heckenrose und gleichermaßen geeignet für Rabatten und gemischte Beete.

- **Höhe:** 180 cm
- **Breite:** 150 cm
- **Blüte:** einmal blühend
- **Schnitt:** leichter Rückschnitt nach der Blüte und Entfernen von totem Holz

›Yolande d'Aragon‹

Portland-Rose. Vibert, Frankreich 1843

Beschreibung: Zahlreiche Rosenliebhaber schreiben dieser Sorte die besten Qualitäten zu: stark gefüllte Blüten von prachtvoll schimmerndem Rosa mit großartigem Duft an einem vitalen Strauch mit aufrechten Trieben und üppigem Laub ... Damit besitzt sie all das, was auch die anspruchsvollsten Rosenfreunde begeistert.

Verwendung: In gemischten Beeten und Rosenbeeten.

- **Höhe:** 150 cm
- **Breite:** 120 cm
- **Blüte:** öfter blühend
- **Schnitt:** normaler Rückschnitt nach dem Winter

Rosen ohne Fehl und Tadel

Gibt es sie überhaupt, die Rosen, die von keiner der gängigen Rosenplagen befallen werden? Oder Rosen, die Halbschatten oder gar Schatten vertragen und sonstige Unbill tolerieren? Ganz arbeitslos machen sie uns Gärtner dennoch nicht, wie wir sehen werden.

Rosen für Schatten und Halbschatten

›Albéric Barbier‹

Luciae-Hybride. Barbier, Frankreich 1900

Beschreibung: Sattgelbe Knospen entfalten sich zu großen schalenförmigen Blüten in Cremeweiß mit zart zitronengelber Mitte. Ihr Duft ist stark und köstlich. Es ist daher kaum verwunderlich, dass diese Ramblerrose mit leuchtend grünem Laub in fast allen Rosenkatalogen vertreten ist. ›Albéric Barbier‹ toleriert darüber hinaus nährstoffarme Böden, beweist eine eiserne Gesundheit und blüht selbst in Nordlagen.

Verwendung: Die langen, biegsamen Zweige dieser Rose ranken ebenso bereitwillig an Pergolen wie an Mauern oder in alten Bäumen.

- **Höhe:** 450 cm
- **Breite:** 300 cm
- **Blüte:** einmal blühend
- **Schnitt:** leichter Rückschnitt nach der Blüte

›Golden Showers‹

Moderne Kletterrose. Lammerts, USA 1956

Beschreibung: Eine ausgezeichnete Kletterrose mit glatten Zweigen, an denen sich locker gefüllte Blütenschalen in lebhaftem Gelb entwickeln, das später in Rahmweiß übergeht. Ihre Blüten stehen in Büscheln über einem glänzenden, dunkelgrünen Laub. Erstaunlicherweise gedeiht diese spektakuläre Rose auf mageren Böden und in Nordlagen – Bedingungen, die ihren Qualitäten absolut nichts anhaben können.

Verwendung: Diese Rose lässt sich an Mauern, Säulen und Rosenbögen ziehen, eignet sich jedoch auch als frei stehender Strauch auf Rasen.

- **Höhe:** 300 cm
- **Breite:** 250 cm
- **Blüte:** dauerblühend
- **Schnitt:** moderates Einkürzen der Haupttriebe und Rückschnitt der Seitenzweige auf Zweidrittel ihrer Länge nach dem Winter

›Blush Noisette‹

Noisette-Rose. Philippe Noisette, USA 1814

Beschreibung: Eine Rose von großem Charme, die zuverlässig stets neue große Büschel kleiner, locker gefüllter Blüten mit dem Duft nach Gewürznelken austreibt. Ihre Farbe ist ein zartes Mauve mit auffällig feinen Staubgefäßen in der Blütenmitte. Es handelt sich um eine sehr robuste, völlig unkomplizierte Strauchrose.

Verwendung: Da sich diese Rose durchaus auch in leicht schattigen Bereichen gut entwickelt, bringt sie Licht in weniger belebte Gartennischen. Sie wächst als frei stehender Strauch, kann jedoch auch als kleine Kletterrose gezogen werden. Hübsch macht sich eine Clematis mit mittelgroßen zart lavendelblauen Blüten, die in ihr hochrankt.

- **Höhe:** 250 cm
- **Breite:** 220 cm
- **Blüte:** dauerblühend
- **Schnitt:** Rückschnitt nach dem Winter

›Zéphirine Drouhin‹

Bourbon-Rose. Bizot, Frankreich 1868

Beschreibung: Ausgestattet mit einer guten Konstitution, dem Ruf, fast völlig dornenlos zu sein und eine ungewöhnlich ausgedehnte Blütezeit zu haben, ist diese Rose seit langem bei Rosenliebhabern populär. Helles Kirschrot und Karminrosa überlagern sich in der Mitte ihrer gefüllten, bezaubernd duftenden Blüten.

Verwendung: Diese Rose scheut auch problematische Standorte nicht, vorausgesetzt, man pflanzt sie in gut durchlüfteten Lagen. Auch Nordlagen können ihrer Blüte nichts anhaben, sofern der Schatten nicht allzu dicht ist. Sie lässt sich sowohl als Kletterrose wie auch als Strauchrose verwenden.

- **Höhe:** 250 cm
- **Breite:** 200 cm
- **Blüte:** dauerblühend
- **Schnitt:** normaler Rückschnitt nach dem Winter

›Félicité et Perpétue‹, auch ›Félicité Perpétue‹

Sempervirens-Hybride. Jacques, Frankreich 1827

Beschreibung: Diese beinahe dornenlose Rose treibt eine Vielzahl an dicht gefüllten, leicht überhängenden Blütenbüscheln aus. Ihr Laub besitzt ein dunkelgrünes und glänzendes, in milden Lagen praktisch winterhartes Laub. Ihre Knospen sind rot, die Blüten von rosa überhauchtem Rahmweiß und wohl duftend. Leider findet ihre spektakuläre Blüte nur einmal im Jahr statt. Dennoch sollte man sie nicht einfach übergehen.

Verwendung: Ob Bogen, Pyramiden, Mauern, Pergolen oder alte Bäume – diese Rose ist überall richtig, wo sie klettern kann. Auch karge Böden oder Halbschatten-Lagen können ihr nichts anhaben.

- **Höhe:** 400 cm
- **Breite:** 400 cm
- **Blüte:** einmal blühend
- **Schnitt:** Rückschnitt nach der Blüte

›Mme Alfred Carrière‹

Noisette-Rose. Schwartz, Frankreich 1879

Beschreibung: Gärtner kennen diese Rose gut. Gewisse Pflanzen besitzen eine nicht immer bis ins Letzte erklärbare Beliebtheit. Sind es bei dieser Rose die bezaubernd geformten, büschelig wachsenden, blassrosa überhauchten Blüten in Milchweiß? Ist es vielleicht eher das fruchtige Parfüm? Oder sind es die langen, fast dornenlosen Zweige und das schöne, hellgrün glänzende Laub?

Verwendung: Eine ideale Kletterrose, vital mit flexiblen, stark rankenden Trieben. Sie toleriert auch Nordlagen, reagiert allerdings mit leicht verminderter Blühfreudigkeit.

- **Höhe:** 450 cm
- **Breite:** 300 cm
- **Blüte:** dauerblühend
- **Schnitt:** normaler Rückschnitt nach dem Winter

›Narrow Water‹

Noisette-Rose. Daisy Hill Nurseries, Irland ca. 1883

›Splendens‹, auch ›Myrrh-scented Rose‹

Arvensis-Hybride. Vor 1837

Beschreibung: Eine ausgesprochen hübsche Rose mit großen Büscheln halb gefüllter, mauvefarbener Blüten, die in ihrer Mitte schöne Staubgefäße freigeben. Ihr Duft ist stark und süß. Das dunkelgrüne Laub bringt die korallenroten, kleinen Knospen sehr vorteilhaft zur Geltung und ist sehr krankheitsresistent.

Verwendung: Diese leicht zu kultivierende Rose passt sich vielen Standorten an. Als Strauchrose fügt sie sich in Hecken oder gemischte Beete zusammen mit Blütensträuchern. Als Kletterrose von mittlerer Höhe bewährt sie sich bestens auch an Mauern, Zäunen oder Pergolen. Auch leicht schattigen Ecken passt sie sich gleichermaßen problemlos an.

- **Höhe:** 250 cm
- **Breite:** 200 cm
- **Blüte:** öfter blühend
- **Schnitt:** Rückschnitt der Seitentriebe auf zwei oder drei Augen nach dem Winter

Beschreibung: Eine göttliche Rose mit bezaubernden, rötlich überhauchten, pausbäckigen Knospen, die sich zu großen, weißen, rosa überhauchten Blütenschalen entfalten. Häufig als Strauch gezogen, kann aus diesem schönen Busch mit seinen rötlichen, biegsamen Zweigen ebenso eine perfekte Kletterrose werden. Ihre Blütenbüschel verströmen einen zarten Duft nach Myrrhe.

Verwendung: An Dreiergestellen in der Mitte eines Beetes kann diese charmante Kletterrose in Gesellschaft mit Pfingstrosen, Iris oder Flockenblumen zauberhafte, romantische Gartenszenen bilden.

- **Höhe:** 400 cm
- **Breite:** 250 cm
- **Blüte:** einmal blühend
- **Schnitt:** wenn nötig, Rückschnitt nach der Blüte

Krankheitsresistente Rosen

›De la Grifferaie‹

Multiflora-Hybride. Vibert, Frankreich 1845

Beschreibung: Ihr guter, vielfach bestätigter Ruf als absolut vitale und in jeder Hinsicht stabile Rose hatte zur Folge, dass diese Rose lange als Pfropfunterlage für Hochstammrosen verwendet wurde. Ist es die Tatsache, dass sie in alten Gärten allzu häufig und schematisch verwendet wurde, dass gewisse Rosenexperten wie Peter Beales sie heute so uninteressant finden? Ich bin auch weiterhin der Ansicht, dass diese Rose mit ihren locker gefüllten, magentaroten Blüten, ihrem herrlichen Duft und schönem, gesunden Laub das Interesse der Freunde unkomplizierter Rosen durchaus wert ist.

Verwendung: Eine Kletterrose, die aufgrund ihrer großartigen Blüte in den unterschiedlichsten Gartensituationen verwendbar ist – besonders wirkungsvoll vor einer Kulisse aus wildem Wein oder Efeu.

- **Höhe:** 300 cm
- **Breite:** 250 cm
- **Blüte:** einmal blühend
- **Schnitt:** regelmäßiges Entfernen alter Äste am Stammansatz der Rose

›Belle Poitevine‹

Rugosa-Hybride. Bruant, Frankreich 1894

Beschreibung: Diese bezaubernde Strauchrose nimmt die wesentlichen Qualitäten der Rugosa-Rosen wieder auf, die sich durch unkompliziertes, üppiges Wachstum und eine besondere Vitalität auszeichnen. Bei dieser Rose allerdings begeistert anspruchsvollere Rosenfreunde auch ihre spitze Knospenform und ihre großen, halb gefüllten Blüten von herrlichem Magentarot. Die Wuchsform des Strauches ist ausgewogen und wird von relativ kantigen Zweigen bestimmt. Nach der Blüte bilden sich attraktive orangerote Hagebutten aus.

Verwendung: ›Belle Poitevine‹ in Gesellschaft mit ›Blanc double de Coubert‹ und ›Roseraie de l'Haÿ‹ ergibt eine wunderschöne Hecke ganz in den Farbtönen Rosa, Weiß und Rot, in der man drei Musterbeispiele dieser Familie bewundern kann.

- **Höhe:** 180 cm
- **Breite:** 150 cm
- **Blüte:** mehrfach blühend, erneute Blüte im Herbst
- **Schnitt:** Rückschnitt nach dem Winter

›Baltimore Belle‹

Setigera-Hybride. Feast, USA 1843

Beschreibung: Charakteristisch für diese hübsche Ramblerrose sind ihre kleinen Büschel aus zahlreichen blassrosafarbenen Blüten. Davon abgesehen, ist diese Rose absolut krankheitsresistent. Ihr Duft ist angenehm, und die Blütezeit länger als die meisten der einmal blühenden Sorten.

Verwendung: Die ausgesprochen frische Farbe ihrer Blütenblätter bringt Licht und Leichtigkeit in schattige Situationen, die diese Rose durchaus toleriert. An einem Rosenbogen besticht sie durch ihre graziös überhängenden, bezaubernden Blüten.

- **Höhe:** 400 cm
- **Breite:** 300 cm
- **Blüte:** einmal blühend
- **Schnitt:** Einkürzen der Zweige nach der Blüte

›Zigeunerknabe‹, auch ›Gipsy Boy‹

Bourbon-Rose. Lambert, Deutschland 1909

Beschreibung: Die ausgezeichnete Konstitution dieses »Zigeuners« macht diese unempfindliche Rose auch für die schwierigsten Gartensituationen geeignet. Ihre gefüllten, intensiv karmesinroten Blüten werden durch Büschel hellgelber, auffälliger Staubfäden in ihrer Mitte farblich aufgehellt. Ihr Duft ist leicht und angenehm.

Verwendung: Mit ihrem vollkommenen, robusten Habitus toleriert diese Rose auch halbschattige Lagen. Sie lässt sich ebenso gut als Strauchrose wie auch als Kletterrose ziehen. Als solche kann sie eine Höhe von über drei Metern erreichen. Ihre intensive Farbe empfiehlt sie für die Gesellschaft mit purpurblättrigen Sträuchern, wie zum Beispiel dem herrlichen Perückenstrauch der Sorte ›Royal Purple‹.

- **Höhe:** 180 cm
- **Breite:** 150 cm
- **Blüte:** einmal blühend
- **Schnitt:** Rückschnitt nach der Blüte; Entfernung des toten Holzes

›Thérèse Bugnet‹

Rugosa-Hybride. Bugnet, Kanada 1950

Beschreibung: Ich wünschte, diese Zeilen könnten das Interesse der Rosenfreunde auf diese schöne Sorte lenken. Dann endlich würde ihr Gerechtigkeit widerfahren. Es dürfte schwierig sein, dem Charme dieser großen, gefüllten und duftenden Blüten an rötlichen Zweigen zu widerstehen. Sie entfalten sich aus karmesinroten, perfekt geformten Knospen und verblassen mit der Zeit. Das zartgrüne, knackig gesunde Laub ist der perfekte Hintergrund für ihre Blüten. Von allen Rugosa-Sorten besitzt sie den besten Duft.

Verwendung: Diese Rose toleriert Halbschattenlagen. Sie kann Hecken bilden, die bis zum ersten Frost blühen. Auch als Dreiergruppe auf einer Rasenfläche gepflanzt, entfaltet sie ihre zahlreichen Qualitäten.

- **Höhe:** 180 cm
- **Breite:** 180 cm
- **Blüte:** öfter blühend
- **Schnitt:** kurzer Rückschnitt nach dem Winter

Rosa gallica officinalis, auch ›Apotheker-Rose‹, ›Rote Rose von Lancaster‹, ›Provins-Rose‹, ›Gefüllte Essig-Rose‹

Gallica-Hybride. Um 1250 eingeführt

Beschreibung: Diese berühmte Rose wurde von den Kreuzzügen durch Theobald IV., Graf der Champagne, um 1250 mitgebracht. Aufgrund ihres geschichtlichen Hintergrundes existiert eine schier unübersichtliche Reihe weiterer Namen u. a. ›Gefüllte Essigrose‹. Sie ist bekannt für ihren intensiven Duft und über die schon so viel geschrieben worden ist … Die halb gefüllten, leichten karmesinroten Blüten entfalten sich im Juni. Im Herbst bilden sich orangerote, von den Vögeln heißgeliebte Hagebutten aus.

Verwendung: Diese Rose sollte ihren Platz in einem gemischten Beet, in einer naturgemäßen Umgebung erhalten. Pflanzen Sie sie in Wegnähe, um ihren herrlichen Duft so oft wie möglich genießen zu können.

- **Höhe:** 150 cm
- **Breite:** 120 cm
- **Blüte:** einmal blühend
- **Schnitt:** moderater Rückschnitt nach der Blüte

›Mrs. John Laing‹

Remontant-Rose. Bennet, Großbritannien 1887

›Pink Grootendorst‹, auch ›Nelkenrose‹

Rugosa-Hybride. Grootendorst, Holland 1923

Beschreibung: Dies ist eine ansprechende Remontant-Hybride mit dicht gefüllten Blüten, die sich aus länglichen Knospen an langen Stilen entfalten. Ihr Zartrosa wird von dem graugrünen, außerordentlich kräftigen und gesunden Laub vorteilhaft unterstrichen. Die Blüten verströmen einen zauberhaften Duft, gleichermaßen stark und süß.

Verwendung: Von aufrechtem, vitalem Wuchs, ist diese vorzügliche Strauchrose Erfüllung aller Wünsche. Sie eignet sich für Rabatten, gemischte Beete, auf Terrassen oder Balkonen, wo ihre lange Blütezeit besonders geschätzt wird.

- **Höhe:** 120 cm
- **Breite:** 100 cm
- **Blüte:** öfter blühend
- **Schnitt:** Rückschnitt nach dem Winter

Beschreibung: Die Blüten dieser Rose ähneln eher Nelken als Rosen. Sie sind gefüllt, intensiv hellrosa, haben leicht fransige Blütenblätter und wachsen in Büscheln. Der Strauch ist dicht, das Laub krankheitsresistent, und die Blüten erneuern sich unaufhörlich bis zum Herbst. Eine perfekte Sorte, auch wenn man ihr gewisse edlere Arten vorziehen kann.

Verwendung: Ihre guten Eigenschaften bescheren uns die unterschiedlichsten Freuden. Man kann diese Rose in ein Beet, eine Hecke oder am Rand eines Gemüsegartens zusammen mit Schnittblumen pflanzen. Ihre Blüten sind in Sträußen ausgesprochen attraktiv.

- **Höhe:** 150 cm
- **Breite:** 120 cm
- **Blüte:** dauerblühend
- **Schnitt:** kräftiger Rückschnitt nach dem Winter

Rosen im Garten – Verwendungsmöglichkeiten

Das klassische Rosenbeet

Am klassischen Rosenbeet scheiden sich die Geister. Für einige ist es die gärtnerische Fehlleistung schlechthin. Für andere bleibt es ein attraktives Mittel, ihrer Vorliebe für eine bestimmte Pflanzenart angemessen Ausdruck zu verleihen. Im Allgemeinen schmücken Rosen als Rabatten oder frei stehende Sträucher Rasenflächen in Hausnähe als Blickfang für Besitzer und Besucher. Die vorherrschend verwendeten Sorten sind dabei zweifellos Teehybriden und Floribunda-Rosen, die in den einschlägigen Katalogen im Überfluss angeboten werden.

Vorlieben und Farben

Die klassischen Rosenbeete waren in den siebziger Jahren des vorigen Jahrhunderts äußerst beliebt. Ohne diese Mode hätten Sorten wie ›Queen Elizabeth‹ (Lammerts, USA 1954) vermutlich niemals eine derartige Popularität erreicht. Obwohl sich heute gemischte Beetformen mit Stauden, Rosen und Sträuchern unbestritten vielseitiger und harmonischer in Gartensituationen einfügen, haben klassische Rosenbeete noch immer eine große Anhängerschaft unter Gartenfreunden. Der wesentliche Nachteil des Rosenbeetes ist vermutlich, dass es während der langen Wintermonate den Anblick nackter Erde bietet. Böse Zungen behaupten, die Wirkung während der Blütezeit sei in ihrer Einfallslosigkeit und der Handhabung der Farben sogar noch abstoßender ...

Lösungen mit Rabatten

Zur Betonung der Grenzen eines Rosenbeetes empfiehlt es sich, je nach Klima, einen Saum aus Buchsbaum, Lavendel oder Heiligenkraut *(Santolina)* zu pflanzen, deren immergrünes Laub das Rosenbeet während der Winterzeit belebt und in der schönen Jahreszeit einen harmonischen Farbabgleich mit den Rosen bildet. Buchsbaum und Heiligenkraut werden zweimal jährlich und Lavendel nach der Blüte geschnitten, allerdings ohne den holzigen Teil der Lavendelbüsche anzugreifen, da sonst die Blüte im folgenden Jahr beeinträchtigt wird.

Die Rosensorten ›Perle Noir‹, ›Gruß an Aachen‹, ›Paul Ricard‹ und ›William Shakespeare 2000‹ (links oben).

Praktische Hinweise

Pflanzung

Um eine dichte Wirkung zu erzielen, sollten die Rosen in Dreier- oder Viererreihen auf einer Geraden oder in einer Fünferanordnung (wie auf dem Würfel) – im Abstand von 40 bis 60 cm je nach Vitalität der gewählten Sorten – gepflanzt werden. Nach der Pflanzung hilft eine Mulchauflage die Ansiedlung von Unkräutern zu verhindern.

Auswahl der Rosen

Rosenbeete sollten nach heutiger Sichtweise aus öfter blühenden Rosen bestehen. Daher empfehlen sich Teehybriden und Floribunda-Rosen.

- **Rosa Rosen:** ›Jacques Cartier‹, ›Fêtes galantes‹, ›Heritage‹.
- **Weiße Rosen:** ›Schneewittchen‹, ›Gruß an Aachen‹.
- **Rote Rosen:** ›Le Rouge et le Noir‹, ›Perle Noir‹, ›William Shakespeare 2000‹.
- **Gelbe Rosen:** ›Paul Ricard‹, ›Rustica‹, ›Gloria Dei‹.

Rosenhecken

Rosen können ein nützliches und ästhetisches Teilungselement zwischen zwei Gartenräumen oder Grundstücken bilden. Die Auswahl geeigneter Rosen ist riesengroß, und jeder sollte dabei die besonderen und individuell sehr unterschiedlichen Situationen berücksichtigen. Die gewünschte Höhe und die Wuchsform sind zwei entscheidende Auswahlkriterien.

Niedrige Hecken oder frei wachsende Hecken

Geht es darum, mit einer niedrigen (1 bis 1,50 m) und regelmäßigen Hecke die Teilung zweier Gartenräume zu verwirklichen, sind büschelblühende Buschrosen (Floribunda-Rosen) das perfekte Mittel. Entscheidet man sich dagegen für eine frei wachsende Hecke mit möglichst natürlichem Habitus, fällt die Wahl zwangsläufig auf die Familie der Rugosa-Rosen oder auf alte Rosen mit stark dornigen Zweigen, die mit der Zeit eine undurchdringliche Barriere (von 2 bis 2,50 m Höhe) bilden werden.

Schnitt einer Rosenhecke

In jedem Fall ist ein starker Rückschnitt bei der Pflanzung dringend zu empfehlen, um den Austrieb der unteren Zweige zu fördern.
Im ersten Jahr brauchen alle Rosen einen kräftigen Rückschnitt. In den Folgejahren werden nur die Buschrosen jährlich eingekürzt.
Alte Rosen und Wildrosen: Während der ersten beiden Jahre nach der Pflanzung werden die Triebe der Wildrosen oder alter Rosen stark beschnitten. Vom dritten Jahr an entfernt man lediglich das alte Holz, wobei ihre natürliche Wuchsform nicht beeinträchtigt werden sollte.
Vergessen Sie bitte nicht: Einmal blühende Rosen schneidet man direkt nach der Blüte, um den Austrieb von Zweigen zu begünstigen, die dann im folgenden Jahr Blüten tragen.

Rosensorten *Rosa alba* ›Semiplena‹, ›Goldbusch‹, ›Rush‹ (links oben).

Praktische Hinweise

Pflanzung

Für eine niedrige Hecke pflanzt man Buschrosen in einer Reihe in einem Abstand von 50 cm. Eine dichtere Hecke erreicht man durch die Pflanzung einer zweiten Reihe von Rosenstöcken, das heißt, man geht zu einer Fünferanordnung (wie beim Würfel) über, wobei der Abstand zwischen den Rosenstöcken 50 bis 60 cm und 30 cm zwischen den Reihen betragen sollte.
Ist eine frei wachsende, natürliche Hecke gefragt, werden die Rosenstöcke in einer einzigen Reihe in einem Abstand von 1 bis 1,20 m gesetzt. Durch das Ineinanderwachsen der Zweige bildet sich eine undurchdringliche Hecke.

Die Abstände bei der Pflanzung richten sich nach Heckenart, gewünschter Dichte und Rosensorten.

Auswahl der Rosen

- ›Felicia‹ oder ›Centenaire de Lourdes‹ (Delbard-Chabert 1958) ergeben außerordentlich blühfreudige, eher niedrige Hecken voller Charme.
- Für Hecken mit natürlicherem Habitus greift man auf die Empfehlungslisten der Kataloge unter den Rubriken Heckenrosen, einmal blühende Rosen oder Strauchrosen zurück. Schon jetzt zitieren wir daraus ›Nevada‹, ›Rush‹, ›Stanwell Perpetual‹ oder die sehr schöne ›Joséphine de Beauharnais‹.

Rosen-Laubengänge

Um verschiedene Gartenräume zu verbinden oder den Weg zum Haus mit Blütenpflanzen auszugestalten, ist es relativ einfach, eine Bogenfolge zu installieren, über die sich Rosen ranken. Vordringliche Aufgabe ist es, für eine solide Rankkonstruktion zu sorgen, die dem nicht unerheblichen Gewicht der Pflanzen standhält und den Widrigkeiten der Witterung im Lauf vieler Jahre trotzen kann.

Ein attraktiver Laubengang zu jeder Jahreszeit

Dazu wird zwischen den Rosen ein schmaler Rabattenstreifen mit Pflanzen gefüllt, die sich in Verbindung mit Rosen bewährt haben: von Iris über Pfingstrosen, Katzenminze, Frauenmantel bis zu den schönen Storchschnabelsorten ist die Auswahl reichlich. Anfang Frühjahr, vor dem Aufblühen der ersten Rosen, beleben bereits farbenprächtige Zwiebelpflanzen wie Schneeglöckchen, Traubenhyazinthen, Narzissen, Osterglocken, Scillas und Tulpen diesen Gartengang. Im Winter erhalten in Form geschnittener Buchs und panaschiertes Efeu, die aufgrund ihrer schönen Laubstrukturen ausgewählt werden, dem Laubengang seinen Charme. Gärtnerischer Einfallskraft sind keine Grenzen gesetzt.

Aufstellung einer Bogenkonstruktion

Alte Bogenkonstruktionen sind immer seltener zu bekommen. Wenn doch, sind sie häufig sehr teuer. Gartenbetriebe bieten mittlerweile moderne Metall- oder Plastikkonstruktionen an. Wer handwerkliche Fähigkeiten besitzt, sollte sich eine Holzkonstruktion selbst anfertigen. Zu beachten ist dabei, dass die Stützpflöcke mindestens eine Stärke von 10 cm im Querschnitt haben sollten, die das Rankgitter aus Holz oder Eisen tragen. Vergessen Sie nicht, das Holz zuvor zu imprägnieren und die Pflöcke mindestes 60 cm tief in den Boden einzulassen oder, wenn nötig, in Betonfundamenten zu verankern. Die einfachste Methode ist, lange biegsame Eisenstäbe aus dem Baumarkt mit beiden Enden tief und fest in den Boden zu stecken. Auf diese Weise erhalten Sie einen Bogengang im Schnellverfahren, an den Sie Ihre Rosen pflanzen können.

Rosensorten ›Mermaid‹, ›New Dawn‹, ›Paul Transon‹ (links oben).

Praktische Hinweise

Mittlerweile findet man fertige Rosenbögen in den Gartencentern. Auch Baumärkte bieten mittlerweile zahlreiche Lösungsmöglichkeiten an.

Tipps

Denken Sie daran, Stauden und Zwiebelpflanzen zu mischen und auch einige Einjährige beizugeben, sodass der Laubengang das ganze Jahr hindurch belebt ist.

Ein ausgewogener Anteil an öfter blühenden und einmal blühenden Rosen erscheint Erfolg versprechend. Die einmal blühenden Rosen können zusätzlich noch als Rankhilfen für ein oder zwei großblütige Clematis dienen, die mit einer Blüte in der Mitte oder Ende des Sommers einen weiteren Akzent setzen.

Auswahl der Rosen

Zahllose Sorten sind an Rosenbögen und Pergolen zu verwenden. Natürlich ist die Versuchung groß, öfter blühende Rosen zu wählen, um von ihrer Blütezeit so lange wie möglich zu profitieren.

- Die rosafarbene ›Zéphirine Drouhin‹ oder die perlmuttweiße ›Mme Alfred Carrière‹ sind wegen ihrer langen, biegsamen Blütenzweige und ihrer Krankheitsresistenz sehr zu empfehlen.
- Dennoch wäre es schade, ganz auf die einmal blühenden Sorten zu verzichten, die, wie zum Beispiel ›Constance Spry‹, einmal im Jahr regelrechte Kaskaden aus großen, rundlichen, zartrosa Blüten mit einem leichten Duft nach Myrrhe ausbilden.

Rosen an Mauern und in alten Bäumen

Für den Rosenfreund sind Mauern und Zäune im Garten ein wahrer Glücksfall. Eine Fassade, über die sich ein Meer von Rosenblüten breitet, hat von jeher einen unverwechselbaren Charme. Handelt es sich zusätzlich um Duftrosen, wird das ganze Haus von ihrem Parfüm durchflutet.

Bäume als Rankgerüste für Rosen

Scramblerrosen, so genannte Baumkletterer, geben uns die Möglichkeit, alten Laub- und Nadelbäumen zu neuem Glanz zu verhelfen. Diese Rosen werden nicht zu dicht am Stamm gepflanzt, da dort der Boden besonders bei Nadelbäumen meist trocken und es im Allgemeinen zu schattig ist. Alte Obstbäume werden dank einer üppig wachsenden Rankrose zu neuem Leben erweckt, die keinerlei besonderer Pflege bedarf (wuchert sie zu stark, genügt ein einfacher Rückschnitt mit der Heckenschere). Die schönen, im Herbst ausgebildeten Fruchtstände der meisten Ramblerrosen verleihen ihnen eine wilde Schönheit, die heutzutage sehr geschätzt wird. Nicht zuletzt finden die Vögel in ihnen noch kurz vor Wintereinbruch nahrhaftes Futter.

Die Ausrichtung des Standorts

Die Ausrichtung der Mauer oder Fassade, an die sich die Rose anlehnen soll, spielt eine große Rolle. West- und Ostlagen sind immer zu bevorzugen. In Südlagen besteht die Gefahr, dass die Rose durch direkte Sonneneinstrahlung leidet (was durch häufiges Gießen und regelmäßige Düngergaben ausgeglichen werden kann), während sie in Nordlage unter zu wenig Sonne und zu viel Kälte leiden könnte. Allerdings gibt es bestimmte Rosensorten, die sich an problematischere Standorte anpassen. In Rosenkatalogen werden entsprechende Qualitäten normalerweise deutlich ausgewiesen. Eine Auswahl von Rosen, die schatten- oder halbschattenverträglich sind, habe ich auf den Seiten 114 bis117 behandelt.

Rosensorten ›Paul's Himalayan Musk‹, ›Bleu Magenta‹, ›Pierre de Ronsard‹ (links oben).

Praktische Hinweise

Auswahl der Rankhilfen

An Mauern und Fassaden genügen Nägel und Haken zur Befestigung von Drähten, an denen die Rosen gezogen werden können. Diese Drähte sollten in einem Abstand von 30 bis 40 cm und mindestens 3 m von der Mauer entfernt gespannt werden. Je nach Wuchsverhalten der Rose wird sie an der Rankhilfe vertikal, horizontal und schräg befestigt.

Pflanzung

Bei Rosen muss ein Mindestabstand zu einer Mauer von 30 cm eingehalten werden, da auf diesem Abschnitt die Erde im Allgemeinen nährstoffarm und schlecht versorgt ist. Nachdem man in das Pflanzloch eine Mischung aus Komposterde und Knochenmehl gegeben hat, sorgt man dafür, dass die Wurzeln der Rose gleichmäßig und auf die der Mauer abgewandte Seite ausgerichtet werden. Ist das Pflanzloch geschlossen, muss die Rose reichlich gewässert werden.

Auswahl der Rosen

Zahlreiche Rosensorten können an Mauern oder Hausfassaden gezogen werden. Achten Sie sorgfältig auf Farbe, Duft und nicht zuletzt auf die Vitalität der Rose. Die in den Katalogen angegebene Wuchshöhe gibt eine Vorstellung von der Ausbreitung der Rose im ausgewachsenen Zustand. An einer kleinen Mauer oder einer mittelhohen Fassade zum Beispiel wäre eine Ramblerrose mit einer Wuchshöhe von 10 m fehl am Platz.

Tipps

- Rosen an Mauern müssen gut und regelmäßig gedüngt werden.
- Ost- oder Westlagen sind allen anderen vorzuziehen.
- Für das Ranken in Bäumen benutzen Sie Ramblerrosen.
- Wählen Sie ein solides Rankgerüst.
- Die Zweige der Rose werden bogenförmig über das Rankgerüst ausgelegt.

Rosen im Gemüsegarten

Potagers oder Gemüsegärten erfreuen sich wachsender Beliebtheit. Auch auf der kleinsten Parzelle werden heutzutage zumindest einige Kräuter, zwei Reihen Bohnen oder einige Radieschen angebaut. Rosen hatten auch hier von alters her ebenso ihren Platz wie Iris oder Dahlien. In den Gemüsegärten früherer Zeiten, die häufig von Mauern umschlossen waren, um Gemüse und Obst vor Wind und Kälte zu schützen, fanden sich meistens eine oder mehrere Kletterrosen neben Spalierobst. Heute, da Mauern immer seltener werden, werden Gemüsegärten vorzugsweise von Laubengängen, Buchsbaumhecken oder geschnittenen Efeuhecken, ja sogar von zierlichen Holzzäunen eingesäumt.

Gemüseernte und Rosen

Die ersten jungen Erbsen der Saison im eigenen Gemüsegarten zu ernten und sich gleichzeitig einen Rosenstrauß zu pflücken, ist ein Vergnügen, auf das niemand verzichten sollte. Ist der Gemüsegarten alt und besitzt noch einen Brunnen, empfiehlt sich hier zur Bepflanzung ganz selbstverständlich die charmante Rose ›Ghislaine de Féligonde‹ mit ihren kleinen, apricotgelben Pomponblüten. Auf Steinplatten, neben einem Wasserbecken, macht eine Bodendeckerrose (›Nozomi‹ oder ›Kent‹) bis in den Oktober große Freude. Aber es gibt noch viel mehr Sorten in den unterschiedlichsten Farben und von überzeugender Krankheitsresistenz.

Ein Tor für den Genießer

Um die Trennung zwischen Blumen- und Gemüsegarten zu markieren, gibt es kaum etwas Schöneres als einen Rosenbogen aus Metall oder Holz, der mit einer ungefüllten Rose überwachsen ist. Dafür ist eine unkomplizierte Rose empfehlenswert, die mit der relativ ländlichen Einfachheit der Umgebung harmoniert. Die Sorte ›Dorothy Perkins‹, mit kleinen dicht gefüllten karmesinroten Pomponblüten, oder ›Apple Blossom‹, eine vitale Strauchrose mit hellrosa ungefüllten leicht duftenden Blüten, bieten sich an.

Rosensorten ›Comte de Chambord‹, ›Nevada‹, ›Ballerina‹ (links oben).

Praktische Hinweise

Tipps

- Denken Sie daran, den Eingang des Gemüsegartens von einer Kletterrose mit einfachem Habitus überwachsen zu lassen.
- Der aufrechte Wuchs von Hochstammrosen steht in perfektem Einklang mit der eher rundlichen Form bestimmter Gemüsesorten.
- Ziehen Sie Rosen mit einer geschmeidigen Silhouette gewissen Teehybriden vor, die in einem Gemüsegarten zu steif und elegant wirken würden.

Hochstammrosen und schöne Gemüsesorten

In einem klassischen Gemüsegarten, vorausgesetzt er ist ausreichend groß, empfiehlt es sich, den Anfang eines Weges durch zwei Hochstammrosen oder ihre Trauerformen zu kennzeichnen, deren ländlicher Charme inmitten des Gemüses gut zur Geltung kommt. Für einen Akzent an der Kreuzung mehrerer Wege eignet sich ebenso eine Kletterrose mit gefälligem Erscheinungsbild wie ›Félicité Perpétue‹. Unter Hochstammrosen setzt man in dieser Situation am besten Gewürzkräuter wie Salbei, Thymian oder Majoran.

Das Duftrosen-Beet

Selten begnügt sich ein Rosenfreund mit duftlosen Sorten. Insofern ergibt es sich zwangsläufig, ein Beet mit Rosen anzulegen, die für ihren guten Duft bekannt sind. Rosengärtner und -züchter verwenden daher viel Zeit und Mühe darauf, Sorten zu kreieren, in denen sich Schönheit und kostbare Düfte vereinen. Verfügt man über einen begrenzten Gartenraum, wählt man vorzugsweise diese Kombinationen.

Die besten Düfte

André Ève schlägt in seinem Katalog eine Auswahl mit ›Yolande d'Aragon‹, ›Rose de Rescht‹, ›Enfant de France‹, ›Charles de Mills‹ und ›Cuisse de nymphe émue‹ vor, in deren Düften sich verschiedene Himbeernoten mischen. Die neueste Kreation von Delbard, ›Saint-Exupéry‹, passt ausgezeichnet zu ›Chartreuse de Parme‹, eine bereits häufig für ihren Duft ausgezeichnete Rose. Letzteren beiden Rosensorten sollte man unbedingt ›Grand Siècle‹ von zarter Farbe und exquisitem Duft beigeben. Das reichhaltige Rosa-Generosa-Sortiment bei Guillot verbindet hervorragende Duftqualitäten mit außergewöhnlicher Blühfreudigkeit, während bei Meilland ›Paul Ricard‹, ›Papa Meilland‹ oder ›André Le Nôtre‹ lediglich einen kleinen Vorgeschmack auf die unzähligen Schätze geben, die dieses berühmte und traditionsreiche Haus hervorgebracht hat. Was englische Rosen betrifft, ist das renommierte Haus Austin weit bekannt. Die geradezu sinnliche ›William Shakespeare 2000‹ verbindet das Parfüm alter Rosen mit einem wunderschönen Dunkelrot, wohingegen ›Evelyn‹ mit ihren Apricot- und Pfirsichschattierungen für eine sehr feine fruchtige Note steht.

Eine persönliche Angelegenheit

Wir alle haben unsere bevorzugten Duftvarianten. Um Ihre individuelle Auswahl zusammenzustellen, gehen Sie einfach durch Gärten und Rosarien und notieren Sie sich die Sorten, die Sie am meisten angesprochen haben. Auf diese Weise stellen Sie von Spaziergang zu Spaziergang ihren idealen Rosenduft-Garten zusammen.

Rosensorten ›Mme Isaac Pereire‹, ›O Sole Mio‹, ›Cuisse de nymphe émue‹ (links oben).

Praktische Hinweise

Pflanzung wo und wie

■ Um den Duft Ihrer Rosen am häufigsten genießen zu können, pflanzen Sie sie dicht neben Wegen, ja sogar in der Nähe eines Sitz- oder Essplatzes, der häufig frequentiert wird. In Gruppen zu drei Stöcken wirken Rosen besonders prächtig, und ihr Duft ist am intensivsten.

■ Ebenso empfehlenswert ist es, eine geometrische Form (ein Quadrat oder Rechteck) in einem geschützten, sonnigen Teil des Gartens mit Rosen auszupflanzen und dort Rosensorten zu kombinieren, deren Düfte und Farben harmonieren.

■ Eine weitere Möglichkeit ist die Anlage von zwei identischen Rosenbeeten, die man durch ein schmales Rasenstück trennt, an dessen Ende eine hübsche Bank aufgestellt wird. Auf diese Weise kann die eigene Duft- und Farbkreation in vollen Zügen genossen werden.

Zur Erinnerung

■ Kataloge und Spaziergänge helfen, Ihren ganz besonderen Duftgarten zu kreieren.

■ Errichten Sie Ihren individuellen Duftgarten in der Nähe von Wegen und Durchgängen.

■ Pflanzen Sie in Gruppen unter Berücksichtigung der Harmonie der Farben.

Der Weiße Garten

Vita Sackville-West hat auf ihrem englischen Besitz Sissinghurst, den sie mit ihrem Mann Harold Nicholson teilte, einen so genannten »Weißen Garten« geschaffen – Vorbild für viele die danach entstanden –, dessen zentrales Stück eine herrliche Ramblerrose ist. Auch wenn es meistens schwierig ist, sich in einem Garten ausschließlich auf eine einzige Blütenfarbe zu konzentrieren, so ist es durchaus vorstellbar, zumindest einen kleinen, durch eine Buchsbaum- oder Hainbuchenhecke abgegrenzten Teil zum Beispiel weißen Blütenpflanzen vorzubehalten. Stellen Sie in seiner Mitte eine bequeme Bank auf, und Sie werden dort bald Frieden und Entspannung finden.

Weiß und Weiß – die Unterschiede

Bei genauerem Hinsehen wird man feststellen, dass nicht alle weißen Blüten auch rein weiß sind. Einige changieren ins Bernsteingelb oder ins Grünliche, andere wiederum haben einen rosa oder gelben Hauch. Auch weiße Rosenblüten definieren sich in unterschiedlichen Nuancen, wie man bei der Gegenüberstellung von ›Schneewittchen‹, ›Mme Alfred Carrière‹, ›Ice Cream‹, ›Margaret Merril‹ oder ›Blanc Double Coubert‹ sofort feststellt – Sorten, die ihrerseits sehr gut geeignet sind, den Grundstock für eine ansprechende Farbpalette aus Weißtönen zu legen. Achten Sie jedoch auf die in den Kataloglisten der Bodendecker, Kletterrosen, Buschrosen oder Strauchrosen angegebene Wuchsform. Und vergessen Sie nach dem Kauf nicht, dass die besten Effekte durch eine Pflanzung in Gruppen von drei Rosenstöcken als Minimum erzielt werden.

In Kombination mit Sträuchern

Man wählt Laub mit silbrigem Glanz (speziell *Pyrus salicifolia* ›Pendula‹), Buddleia und die Hebe mit grau getöntem Laub. Vergessen Sie dabei nicht die weiß blühenden Sträucher wie Schneeball, Deutzie, Philadelphus oder Flieder (›Madame Lemoine‹ und ›Madame Abel Chantenay‹ in Cremeweiß). Damit dieser abgeschlossene Gartenteil im Winter nicht völlig uninteressant wird, pflanzen Sie immergrüne Gewächse wie Efeu, Ilex (panaschiert und einfarbig), die dem Buchs zur Seite stehen. Von den ersten schönen Tagen an eröffnen weiße Tulpen, Narzissen und Traubenhyazinthen den festlichen Reigen in Weiß.

Rosensorten ›Schneewittchen‹, ›Prosperity‹, ›Sombreuil‹ (links oben).

Praktische Hinweise

Zusammenstellung der Kombinationen

- Nehmen Sie sich Zeit! Studieren Sie Kataloge und besuchen Sie Gärten und Anlagen, notieren Sie sich die Namen der Pflanzen, die Sie mit Ihren Rosen kombinieren möchten.
- Zu den weißen Stauden gehören Lupinen, Mohn, Glockenblumen, Nelken, Storchschnabel, Iris, Schleierkraut, Kamille, Skabiosen und japanische Anemonen. Dazu sollte man Meerkohl *(Crambe cordifolia)* pflanzen, dessen wolkig-weißes Erscheinungsbild mit einer Höhe von 2 m sehr spektakulär ist.
- Der Erfolg des Gartens hängt von einer ausgewogenen Kombination von Blüten und Laub ab, eines der Grundprinzipien jeder guten Gartengestaltung. Alles silbrige Laub ist willkommen: Wermut *(Artemisia)*, Ziest *(Stachys byzantina)* und weiß blühender Lavendel. In Nachbarschaft der weißen Rosen mit leicht gelblicher Note macht sich Frauenmantel ebenso prächtig wie einige Hosta, deren große Familie noch viel zu wenig bekannt ist. Auch ein panaschierter Salbei hat seinen Platz inmitten dieser raffinierten Kulisse.

Tipps

- Silbriges und graues Laub spielen eine große Rolle in einem weißen Garten.
- Spektakulärere Effekte erzielt man mit in Dreiergruppen gepflanzten Rosen.

Rosen und Sträucher

Rosen und Sträucher ergeben eine ideale Kombination. Blütensträucher bringen Rosen gut zur Geltung und lösen sie in der Blüte ab.

Auswahl der Sträucher

Bei der Wahl der Sträucher, die mit Rosen gemischt werden, achtet man auf Farbe und Zeit ihrer Blüte. Schneeball-Sorten, die zum großen Teil im April und Mai weiß, rosa-weiß oder rosa blühen, bieten auch im Herbst mit ihrem rötlich gefärbten Laub und glänzend roten Beeren ein schönes Bild. Auch Kolkwitzien *(Kolkwitzia)*, Deutzien *(Deutzia)*, Seidelbast *(Daphne)*, Säckelblume *(Ceanothus)*, Weigelien *(Weigela)* oder der Falsche Jasmin *(Philadelphus)* bilden mit den meisten Rosen sehr gelungene Kompositionen. Wichtig ist auch eine Ausgewogenheit in Form und Größe. Ausladend wachsende Sorten bilden entweder die Kulisse im Hintergrund eines Mischbeetes oder – falls die Zusammenstellung von allen Seiten einsehbar ist – die Mitte.

Rosen und Clematis

Die Verbindung von Rosen und Clematis ist in unseren Gärten sehr häufig anzutreffen. Das Ergebnis ist stets dann charmant, wenn die Farbwahl stimmt. Zusammen mit ›Blanc double de Coubert‹ wirkt die malvenfarbene Clematis ›Victoria‹ sehr vorteilhaft. Gleichermaßen empfehlenswert ist die Kombination von rosafarbenen Rosen und dunkel purpurfarbener Clematis (wie zum Beispiel mit *C. viticella* ›Blue Bell‹). Gleichwohl kann man eine Clematis mitten in einer einmal blühenden Strauchrose oder Kletterrose ranken lassen. Auf diese Weise erreicht man eine längere Blütezeit einmal blühender Rosen.
Die meisten sommerblühenden Clematissorten zeigen ihre Blütenknospen an den Jahrestrieben. Daher kann man sie nach dem Winter bis auf 70 cm herunterschneiden. Auf diese Weise steht dem Schnitt der Rose, die ja das Rankgerüst der Clematis bildet, letztendlich nichts im Wege. Beschäftigen Sie sich mit der großen Familie der Clematis, um harmonische Farbkombinationen zu schaffen oder einmal blühende Rosen wieder interessant zu machen.

Rosensorten ›Marguerite Hilling‹, ›Complicata‹, ›Tuscany Superb‹ (links oben).

Praktische Hinweise

Farbwahl

- Blütensträucher mit purpurfarbenem Laub wie Pflaumen, Zieräpfel, Berberitzen *(Berberis thunbergii* ›Atropurpurea‹/Blutberberitze) oder Perückenstrauch *(Cotinus coggygria* ›Royal Purple‹) passen gut zu weißen, rosafarbenen oder dunkelroten Rosen.
- Das panaschierte Laub der Stechpalme, einiger Weigelien- oder Ligustersorten ist eine ideale Ergänzung zu gelben, orangeroten oder knallroten Rosen.

Tipps

Weiße, rosafarbene und dunkelrote Rosen erlauben feine farbliche Abstufungen mit anderen Pflanzen. Gelbe, orangerote oder knallrote Rosen sind schwieriger zu kombinieren – sie brauchen Kontraste.
Bei der Auswahl von Rosen und Sträuchern, die gemeinsam gepflanzt werden, sollten Sie deren Blütezeiten und Farben gut aufeinander abstimmen.

Rosen und Stauden

Die Idee, Rosen und Stauden zu kombinieren, ist alt und bewährt. Die Schaffung meisterhafter Pflanzenbilder aus diesen beiden Pflanzengruppen ist von jeher eine Domäne der Engländer.

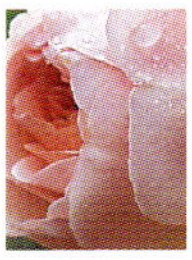

Kleine Ursache – große Wirkung

Sie sind absolute Highlights in einem Garten, und dennoch schrecken die berühmt-berüchtigten gemischten Rabatten Amateur-Gärtner mit wenig Zeit noch immer ab. Glücklicherweise ist Gartenbildern aus Rosen und Stauden, auch in kleinem Rahmen, meist ein schneller Erfolg sicher. Es genügt tatsächlich ein Minimum an Fantasie und Einsatz, um mit der Kombination von zwei oder drei Pflanzen in einem Garten charakteristische Akzente zu setzen. Beginnen Sie damit, den Rosen einen Platz in Ihrem Garten zuzuweisen. Dann beginnen Sie mit kleinen, vorsichtigen Ergänzungen, wobei Sie der zukünftigen Wuchshöhe Ihrer Pflanzen Rechnung tragen. Lassen Sie keine zu großen Abstände, damit die Blüten im fortgeschrittenen Wachstum ineinander übergehen.

Farbkompositionen

Gelbe, orangerote oder hellrote Rosen brauchen lebhafte Kontraste. Gelbe Schafgabe, kupferfarbene Wolfsmilch, Rudbeckien, Saxifragen, scharlachrote Kosmeen und Goldruten sind Stauden, die man mit ihnen kombinieren sollte. Aber natürlich ist diese Aufzählung nicht vollständig. Machen Sie selbst Ihre Erfahrungen. Sollte das erste Ergebnis nicht Ihren Vorstellungen entsprechen, können Sie im darauf folgenden Jahr ihre Kreationen revidieren.

Rosensorten ›Heritage‹, ›Cardinal Richelieu‹, ›Centenaire de Lourdes‹ (links oben).

Praktische Hinweise

Tipps

- Romantisches Pflanzenbild mit Farbkontrasten: Wählen Sie einen Platz aus und machen Sie sich frisch an die Arbeit.
- Die Kombinationsmöglichkeiten sind unerschöpflich. Die Farbauswahl richtet sich danach, ob Kontraste oder Abstufungen in einer Farbe gewünscht sind.
- Es ist wichtig, auf die Wuchsform einer Rose zu achten, bevor man Stauden auswählt, die man mit ihr kombinieren möchte. Teehybriden (oder großblütige Rosensorten) eignen sich besser für schematisch angelegte Rabatten (mit Buchsbaum, Santolina oder Lavendel) als alte Rosen, zu denen die schmalen Stiele der Prachtkerzen oder das wolkig wachsende Schleierkraut mit lockerer Wuchssilhouette passen.
- Für ästhetisch schöne Resultate sind keine großen Beete nötig. Bedenken Sie bei der Pflanzenwahl stets deren Blütezeit.

Rosen und Thymian

Zum Schluss noch eine Bemerkung zu der Bauernregel, Kräuterpflanzen könnten Schädlinge von Rosen fern halten. Ich kann nur raten, verbinden Sie das Nützliche mit dem Angenehmen ... Pflanzen Sie Salbei, Thymian, Rosmarin, und nicht zu vergessen die wüchsige Minze oder die farblich interessante Indianernessel. Sollten sich Ameisen und Blattläuse dennoch nicht vertreiben lassen, haben Sie doch wenigstens ein harmonisches Pflanzenbild geschaffen.

Klassische Kombinationen

- Katzenminze, Storchschnabel und Frauenmantel bilden heutzutage die übliche Kombination mit Rosen. Sie machen sich zauberhaft unter bestimmten Strauch- oder Kletterrosen, die mit zunehmendem Alter gelegentlich im unteren Bereich verkahlen. Darüber hinaus sorgen sie für farbliche Frische und verhindern, dass sich der Boden durch starkes Gießen oder Regenfälle zu stark verdichtet.
- Im Vordergrund besonders ausladender und üppiger Rosen empfiehlt sich Rittersporn. Iris oder Taglilien betonen die Blüte von früh blühenden Sorten.

Garteninspirationen

Einige Vorschläge zur Komposition von Gartenbildern

Flammende Töne

1. *Cosmos sulphureus,* Gelbe Kosmee
2. *Arundo donax* ›Variegata‹, Pfahlrohr, Riesenschilf
3. *Hemerocallis fulva* ›Kwanso Flore Plena‹, Rotgelbe Taglilie
4. *Rosa* ›Graham Thomas‹
5. *Crocosmia* ›Lucifer‹, Montbretie
6. *Kniphofia uvaria,* Fackellilie
7. *Euphorbia griffithii* ›Fireglow‹, Wolfsmilch aus dem Himalaya

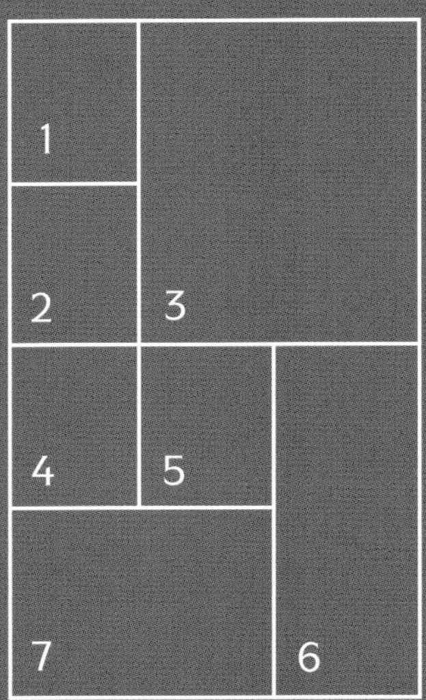

Lichtes Weiß

1. *Rosa* ›Winchester Cathedral‹
2. *Artemisia ludoviciana* ›Valerie Finnis‹, Beifuß aus Nordamerika
3. *Selinum wallichianum*, Silge, ein Doldenblütler
4. *Anemone x hybrida* ›Honorine Jobert‹, Weiße Herbstanemone
5. *Anemone x hybrida* ›Honorine Jobert‹, Weiße Herbstanemone
6. *Clematis* ›Mme Le Coultre‹
7. *Paeonia lactiflora,* Edelpäonie, weiße, gefüllte Hybride

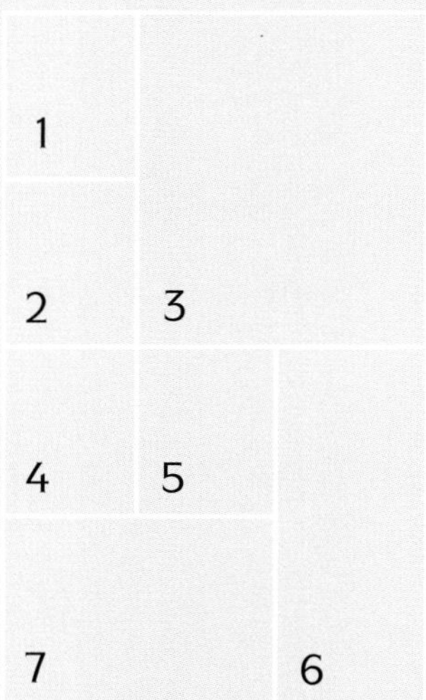

Variationen in Purpur

1. *Leycesteria formosa*, niedriger Strauch aus dem Himalaya

2. *Amaranthus*, Fuchsschwanz

3. *Amaranthus*, Fuchsschwanz

4. *Berberis auricoma*, rotblättrige Berberitze

5. *Rosa glauca*, Blaugrüne Rose

6. *Knautia macedonica*, Mazedonische Witwenblume oder Knautie

Klassische Kollektionen

1. *Lupinus,* weiße Russel-Hybride
2. *Rosa* ›Comte de Chambord‹
3. *Delphinium-Hybride* ›Faust‹, Rittersporn
4. *Borrago,* weiß blühender Borretsch
5. *Digitalis purpurea,* roter Fingerhut
6. *Lavatera cachemiriana,* Buschmalve
7. *Cynara cardunculus,* Kardonenartischocke

Am Fuß der Mauer

1. *Paeonia* ›Sarah Bernhardt‹, Pfingstrose
2. *Philadelphus,* Pfeifenstrauch, Falscher Jasmin
3. *Kolkwitzia amabilis,* Kolkwitzie
4. *Nepeta x faassenii* ›Six Hills Grant‹, Katzenminze
5. *Rosa* ›Constance Spry‹
6. *Achillea millefolium* ›Lilac Beauty‹, Schafgarbe

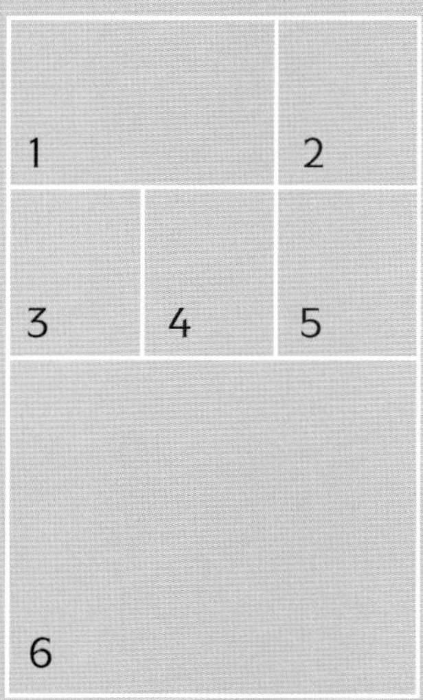

Anhang

Rosen – Gesamtsortenverzeichnis

Einmal blühende Rosen

Nachfolgende Sorten blühen nur einmal während des Sommers, aber dafür so reich und schön, dass sich niemand diese Rosensorten versagen sollte, denn zu ihnen gehören besonders viele und zauberhafte alte Rosen.

Öfter blühende und dauerblühende Rosen

Nachfolgende Sorten erfreuen uns praktisch mit einer von Mai bis Oktober anhaltenden Blüte. Und je sorgfältiger Sie regelmäßig ihre verwelkten Blüten entfernen, desto blühfreudiger sind sie.

Wo kann man Rosen erwerben?

Deutsche Bezugsquellen

Schloßgärtnerei Gartenbau Lützow
Rosenower Str. 2
19209 Lützow bei Schwerin
Tel.: 03869-59 98 34
Fax: 03869-69 01 45
E-Mail:
info@schlossgaertnerei-luetzow.de
Homepage: www.schlossgaertnerei-luetzow.de
Eine umfangreiche Angebotspalette mit Schwerpunkt Austin-Züchtungen und historischen Rosen.

W. Kordes' Söhne
Rosenstraße 54
25365 Klein Offenseth-Sparrieshoop
Tel.: 04121-4 87 00
Fax: 04121-8 47 45
E-Mail: info@kordes-rosen.com
Homepage: www.kordes-rosen.com
Bekannteste deutsche Rosengärtnerei; Schwerpunkt mit eigenen Züchtungen, kostenloser Katalog; Schaugarten mit ca. 250 bewährten Sorten und Neuzüchtungen.

RosenWelt Tantau
Tornescher Weg 13
25436 Uetersen
Tel.: 04122-70 84
Fax: 04122-70 87
E-Mail: tantau@rosen-tantau.com
Homepage: www.rosen-tantau.com
Hauptsächlich eigene Züchtungen, kostenloser Katalog.

Rosen Jensen GmbH
Am Schloßpark 2b
24960 Glücksburg
Tel.: 04631-6 01 00
Fax: 04631-20 80
E-Mail: info@rosen-jensen.de
Homepage: www.rosen-jensen.de
Rosen-Jensen, die Nachfolgefirma von Ingmar J. Jensen; führt neben Austin-Rosen ein sehr umfangreiches Angebot an historischen Rosen und neueren Züchtungen auch von Ingwer Jensen selbst. Der Katalog ist schön und informativ.

Noack-Rosen
Verkauf: Im Waterkamp 12
Postanschrift: Im Fenne 54
33334 Gütersloh
Tel.: 05241-2 01 87
Fax: 05241-1 40 85
E-Mail: noack-rosen@t-online.de
Vertreibt schwerpunktmäßig eigene Züchtungen, berühmt für seine robusten Rosen – viele mit ADR-Prädikat ausgezeichnet, Katalog erhältlich; schöner Schaugarten mit eigenen Züchtungen.

Europäische Bezugsquellen

Les Roses Anciennes
André Ève
Morailles-Pithiviers-le-Vieil
F-45308 Pithiviers Cedex
Tel.: 0033 (0)2 38 30 01 30
Fax: 0033 (0)2 38 30 71 65
E-Mail: info@roses-anciennes-eve.com
Homepage: www.roses-anciennes-eve.com
Ein ausführlicher Katalog ist erhältlich. Die exakten und detaillierten Beschreibungen machen das leider reduzierte Angebot an Bildmaterial wett.

David Austin Roses Limited
Bowling Green Lane
Albrighton
Wolverhampton WV7 3HB
England
Tel.: 0044 19 02 37 63 71
Fax: 0044 19 02 37 21 42
E-Mail: deutsch@davidaustinroses.com
Homepage: www.davidaustinroses.com
Der Spezialist für englische Rosen gibt alljährlich einen exzellenten Katalog heraus. Eine der größten und berühmtesten Rosengärtnereien.

Georges Delbard S. A.
16, quai de la Mégisserie
F-75001 Paris
Tel.: 0033 (0)1 44 88 80 10
E-Mail: contact@delbard.com
Homepage: www.delbard.com
Georges Delbard ist einer der bekanntesten Rosenzüchter. Der Katalog ist entsprechend seines Rosenangebots sehr umfangreich und gibt viele praktische Tipps.

Roseraies Guillot
Domaine de la Plaine
F-38460 Chamagnieu
Tel.: 0033 (0)4 74 90 27 55
Fax: 0033 (0)4 74 90 27 17
Homepage: www.rosesguillot.com
Guillot ist Spezialist für alte Duftrosen und Züchter zahlreicher moderner Rosen.

Lens Roses
Redinnestraat 11
B-8460 Oudenburg
Tel.: 0032 (0) 59 26 78 30
Fax: 0032 (0) 59 26 56 14
E-Mail: info@lens-roses.com
Homepage: www.lens-roses.com
Der Katalog dieses bekannten Rosenzüchters bietet eine imposante Auswahl, leider ohne Bildmaterial.

Rosarien, öffentliche Rosengärten

Europa-Rosarium Sangerhausen
Steinberger Weg 3
06526 Sangerhausen
Tel.: 03464-57 25 22
Fax: 03464-57 87 39
Homepage: www.sangerhausen.de/sangerhausen/
Nach eigenen Angaben besitzt Sangerhausen die größte und bedeutsamste Rosensammlung der Welt, weshalb sie zur »Rosenstadt« ernannt wurde. Das älteste Rosarium geht auf den Begründer Peter Lambert aus Trier zurück, 1903 eröffnet, zeigt es fast 7000 Rosenarten und -sorten. Ferner findet ein umfangreiches Veranstaltungsprogramm inklusive eines jährlichen Rosenfestes im Juni statt. Eine umfangreiche Bibliothek zum Thema lässt keine Wünsche offen – ein Mekka der Rosenfreunde.

Rosarium der »Rosenstadt« Uetersen
Wassermühlenstr. 7
25436 Uetersen
Tel.: 04122-714-0
Fax: 04122-714-288
E-Mail: info@stadt-uetersen.de
Hinweis im Internet:
www.pinneberg.citymap.de/city/db/020902010400.html
Aus einer Idee der bekannten deutschen Rosenzüchter Wilhelm Kordes und Matthias Tantau hervorgegangen und 1934 eröffnet. Mit 830 Arten und Sorten eine ungewöhnlich reiche Palette an Rosen. Das Rosarium befindet sich im größten Rosenanzuchtgebiet Deutschlands und Europas.

Wild- und Strauchrosensammlung
Park Wilhelmshöhe
Wilhelmshöher Weg 37
34128 Kassel
Tel: 0561-3 22 80
Fax: 0561-9 35 71 44
Ein 1766 angelegtes und verschwundenes Rosarium wurde ab 1977 erneut angelegt durch den »Verein Roseninsel Park Wilhelmshöhe«. Schwerpunkt ist die durch lebende Exemplare belegte Geschichte der Strauchrosen. Viele Züchtungen von bekannten Rosenzüchtern und Bibernellrosen.

Rosarium Glücksburg
Am Schloßpark 2b
24960 Glücksburg
Tel.: 04631-6 01 00
Fax: 04631-20 80
E-Mail: info@rosen-jensen.de
Homepage: www.rosen-jensen.de
Im Rosarium sind historische und englische Rosen sowie Clematis vor der romantischen Kulisse des Renaissance-Schlosses ausgestellt. Das durch Ingwer J. Jensen 1991 eröffnete Rosarium präsentiert ca. 400 Rosensorten.

Ostdeutscher Rosengarten Forst (Lausitz)
Wehrinselstr. 42
03149 Forst (Lausitz)
Tel.: 03562-75 48
Fax: 03562-98 94 73
E-Mail: info@forst-lausitz.de
Homepage: www.rosengarten-forst.de
Das Rosarium wurde aus Anlass des 25. Krönungsjubiläums Kaiser Wilhelm II. angelegt; heute befinden sich hier etwa 400 Arten und Sorten; jährliches Rosenfest im Juni.

Rosengarten Blühendes Barock Gartenschau Ludwigsburg GmbH
Mömpelgardstr. 28
71640 Ludwigsburg
Tel.: 07141-9 75 64-0
Fax: 07141-9 75 65-33
E-Mail: info@blueba.de
Homepage: www.blueba.de
Rosarium mit ca. 250 Arten und Sorten; Rosenfest im Juni/Juli.

Roseraie du Val-de-Marne
Rue Albert Watel
F-94240 L'Haÿ-les-Roses
Tel.: 0033 (0)1 43 99 82 80
Fax: 0033 (0)1 43 99 82 74
Mit 3100 Arten und Sorten eine wirklich umfangreiche Rosensammlung mit Schwerpunkt alte Rosen. Das 1899 von Jules Gravereaux angelegte Rosarium gehört zu den ältesten seiner Art.

Le Labyrinthe–Jardin des Cinq Sens
Rue du Lac
F-74140 Yvoire
Tel.: 0033 (0)4 50 72 88 80
Fax: 0033 (0)4 50 72 90 80
E-Mail: mail@jardin5sens.net
Homepage: www.jardin5sens.net
Der im Herzen des Städtchens Yvoire gelegene Garten wurde vom Gartenarchitekt Alain Richert und dem Baumschulgärtner Alain Gayraud nach dem Prinzip angelegt, alle Sinne anzusprechen.

Parc Floral William-Farcy
1, rue Jehan Veron
F-76550 Offrenville
Tel.: 0033 (0)2 35 85 40 42
Fax: 0033 (0)2 35 04 24 54
E-Mail: parcfloralwilliamfarcy@chateaux-france.com
Homepage: www.chateaux-france.com/parcfloralwilliamfarcy
Dieser Garten spricht die Freunde alter und botanischer Rosen sowie die Anhänger der Kreationen David Austins an. Gute Verwendungsbeispiele und Kompositionen mit Iris, Rittersporn und Storchschnabel.

Jardins d'Angélique
F-76520 Montmain
Tel./Fax: 0033 (0)2 35 79 08 12
Alte Anlage um Herrenhaus aus dem 17. Jahrhundert, überbordend von Rosen, Stauden und Gehölzraritäten.

... und weitere

Le jardin de l'Alchemiste
Mas de la Brune
F-13810 Eygalières en Provence
Tel.: 0033 (0)2 41 59 95 95

Les jardins du Prieuré
Le Prieuré d'Orsan
F-18170 Maisonnais
Tel.: 0033 (0)2 48 56 27 50

Verein Deutscher Rosenfreunde (VDR)
Waldseestraße 14
76530 Baden-Baden
Tel.: 0 221/3 13 02
Fax: 07221/3 83 37
E-Mail: info@rosenfreunde.de
Homepage: www.rosenfreunde.de
Ca. 9000 Mitglieder in 40 Freundeskreisen (Regionalgruppen); benennt Rosendörfer, Rosenstädte und einen »Rosenkreis«, bietet Reisen und Vorträge an, organisiert den jährlichen Rosenkongress. Publikationen: vierteljährlich der »Rosenbogen«, jährlich das »Rosenjahrbuch« – für Mitglieder kostenlos; Broschüre: »Rosengärten in Deutschland« (öffentliche).

Rosenbücher

Austin, David:
Alte Rosen und Englische Rosen, Köln

Austin, David:
Strauchrosen und Kletterrosen. Mit Teehybriden und Floribunda-Rosen, Köln

Beales, Peter/Tommy Cairns/Walter Duncan:
Rosen Enzyklopädie, Königswinter

Beales, Peter:
Klassische Rosen, Köln

Beales, Peter:
Rosen, meine Leidenschaft, München

Cruse, Eléonore und Paul Starosta:
Rosen, Köln

Ève, André und Noémie Vialard:
Rosen, Stuttgart

Markley, Robert:
Die BLV Rosen-Enzyklopädie, München

Page, Russell:
Ich schuf Gärten in aller Welt, Melsungen

The Royal Horticultural Society:
Rosen – Die große Enzyklopädie, Starnberg

Throll, Angelika und Jürgen Wolff (Hrsg.):
Das Kosmos-Handbuch Rosen, Stuttgart

Danksagung

Der Garten, in dem ich aufgewachsen bin, hat meine Sicht der Welt und der Rosen geprägt. Ich danke daher meinen Eltern, dass sie die Idee hatten, an jenem Sommertag 1965 das Tor zum alten Pfarrhaus von Marnes-la-Coquette aufzustoßen.

Mein Dank gilt auch Jean-François für seine stets nützlichen, aufmunternden Ratschläge und seine Tatkraft.

Dank auch an Joëlle Caroline Mayer und Gilles Le Scanff. Ihre Kunst macht Schönheit erst unsterblich.

Dank ebenfalls an die ganze Belegschaft von Marabout – allen voran Elisabeth, die mir freie Hand gelassen hat, Emmanuel Le Vallois und Rose-Marie.

Dank auch an Edith Brochet-Lanvin für ihr gründliches Lektorat, und Dank all den Rosen, die immer das letzte Wort haben.

Joëlle Caroline Mayer und Gilles Le Scanff danken allen Gartenbesitzern, die sie so freundlich unterstützt haben:
Château de la Bourlie/Périgord – Urval
Domaine de St. Jean de Beauregard – Les Ulis
Jardin botanique de la Presle/Brochet Lanvin – Nanteuil la Forêt
La Bonne Maison – Lyon
La roseraie de Berty – Largentière
Le Baqué – Lot et Garonne
Le jardin d' Anne Marie – Lardy
Le jardin de Campagne – Grisy les Plâtres
Le jardin de Guy Thénot
Le jardin de Talos – Ariège
Le jardin du Picou – Ariège
Les chemins de la rose – Doué la Fontaine
Les jardins de Bellevue – Beaumont le Hareng
Les jardins du Prieuré Notre Dame d'Orsan – Maisonnais
Les roses anciennes André Ève/Morailles – Pithiviers
Meilland Richardier – Tassin La Demi Lune
Pépinières Delbard – Malicorne
Pépinière Maurice Laurent – St. Romain en Gal
Roseraie du Val-de-Marne – L'Haÿ-les-Roses

Der Verlag dankt

Edith Brochet-Lanvin, Rosenexpertin des Jardin botanique de la Presle für ihre gründliche Redaktion.
Nathalie Becq, Rosenexpertin des Jardin de Campagne, für die Erlaubnis, in diesem Garten zu fotografieren.
Patrick Bouchard vom Rosarium Val-de-Marne für seine Mithilfe bei den Außenaufnahmen.

Fotonachweis

Sämtliche Fotos dieses Buches sind von Joëlle Caroline Mayer und Gilles Le Scanff, mit Ausnahme folgender Rosenporträts:

Eléonore Cruse, Roseraie de Berty: *Rosa arvensis* ›Splendens‹, S. 117; Agence Map, Arnaud Descat: *Rosa* ›William Lobb‹ S. 52, *Rosa* ›Magic Meillandecor‹ S. 90, *Rosa* ›Crimson Glory‹ Climbing S. 70, *Rosa* ›Grand-mère Jenny‹ S. 71, *Rosa* ›Erfurt‹ S. 44; Agence Map, Frédéric Didillon: *Rosa spinosissima* ›Altaica‹ S. 80; Agence Map, N. und P. Mioulane: *Rosa* ›Thérèse Bugnet‹ S. 120.

Gerätschaften S. 17: Le Prince Jardinier, Jardins du Palais Royal, 37, rue de Valois, F-75001 Paris.

Die Grafiken der Seiten 34 und 35 wurden im Studio WAG angefertigt.

Fotos der Gartenszenen: S. 127 und 129, Le Baqué; S. 129 und 141, Der Garten von André Ève; S. 131, Le jardin de Campagne; S. 137, Le jardin de l'Alchemiste; S. 125, Le Maurissure; S. 133, Potager de l'Émiére.

Text: Olivier de Vleeschouwer
Fotos: Joëlle Caroline Mayer & Gilles Le Scanff
Die französische Originalausgabe mit dem Titel »Rosiers simplissimes« erschien 2004 bei Marabout – Hachette Livre, Paris.

Bibliografische Information Der Deutschen Bibliothek
Die Deutsche Bibliothek verzeichnet diese Publikation in der Deutschen Nationalbibliografie; detaillierte bibliografische Daten sind im Internet über »http://dnb.ddb.de« abrufbar.

1. Auflage
ISBN 3-7688-1640-0
Die Rechte für die deutsche Ausgabe liegen beim Verlag Delius, Klasing & Co. KG, Bielefeld

Aus dem Französischen von Christine und Markus Mössel
Künstlerische Leitung: Emmanuel Le Vallois, Rose-Marie Di Domenico, Sophie Coupard
Umschlaggestaltung: Gabriele Engel
Printed in Spain 2005

Delius Klasing Verlag, Siekerwall 21, D - 33602 Bielefeld
Tel.: 0521/559-0, Fax: 0521/559-115
E-Mail: info@delius-klasing.de
www.delius-klasing.de